Dr. med. Peter Salzman

Venenleiden

vorbeugen und behandeln

Dr. med. Peter Salzmann

Venenleiden

vorbeugen und behandeln

TRIAS

Redaktion: Ulrike Rathjen
Umschlaggestaltung: Cyclus · D+P Loenicker, Stuttgart
Illustrationen: Christiane von Solodkoff, Dr. Michael von Solodkoff
Fotos: MEV (1), Premium (Umschlag vorne), Ratiopharm (Umschlag hinten), Werner Waldmann (3)
DTP-Design: Bernd Hirschmeier
Druck: Imago Pte Ltd., Singapore
Konzeption und Projektleitung: Werner Waldmann, WZ Media, Stuttgart

ISBN 3-89373-739-1

Wichtiger Hinweis: Medizin als Wissenschaft ist ständig im Fluss. Soweit in diesem Buch eine Dosierung oder eine Applikation erwähnt wird, darf der Leser zwar darauf vertrauen, dass Autor und Verlag größte Mühe darauf verwandt haben, dass diese Angabe genau dem Wissensstand bei Fertigstellung des Werkes entspricht. Dennoch sollte jeder Benutzer die Beipackzettel der verwendeten Medikamente prüfen, um in eigener Verantwortung festzustellen, ob die dort gegebene Empfehlung für Dosierungen oder die Beachtung von Kontraindikationen gegenüber der Angabe in diesem Buch abweicht. Benutzer außerhalb der Bundesrepublik Deutschland müssen sich nach den Vorschriften der für sie zuständigen Behörden richten.

Geschützte Warennamen (Warenzeichen) werden nicht besonders kenntlich gemacht. Aus dem Fehlen eines solchen Hinweises kann nicht geschlossen werden, dass es sich um einen freien Warennamen handelt.

Die Deutsche Bibliothek – CIP Einheitsaufnahme

Salzmann, Peter:
Venenleiden : vorbeugen und behandeln ; wie es zu Krampfadern und Thrombosen kommt ; keine Angst vor Operationen ; Vorbeugen durch Venenwalking und Venengymnastik / Peter Salzmann. – Stuttgart : TRIAS, 1997
(Gesundheit kompakt)

Venenerkrankungen sind weit verbreitet; rund jeder zweite Bundesbürger leidet unter Krampfadern. Aber die meisten Betroffenen wissen leider immer noch viel zu wenig über dieses Leiden.

Und dabei ist es gerade bei Venenerkrankungen wichtig, dass Sie als Patient genau über Symptome, Risiken und Behandlungsmöglichkeiten Bescheid wissen! Denn bei dieser Erkrankung ist Früherkennung und rechtzeitige Behandlung besonders entscheidend.

Aus Krampfadern, die vielfach - zu Unrecht! - immer noch als rein kosmetisches Problem abgetan werden, können sich im Lauf der Jahre schwere, oft nicht mehr völlig heilbare Folgeerkrankungen entwickeln. Und leider gibt es noch gar nicht so viele auf Venenleiden spezialisierte Fachärzte, an die Sie sich mit Ihrem Problem wenden können.

Durch eine entsprechende Lebensweise können Sie selbst entscheidend zur Heilung Ihres Venenleidens beitragen oder zumindest verhindern, dass sich daraus eine schwerwiegende Erkrankung entwickelt. Medikamente allein reichen dazu leider nicht aus. In diesem leicht verständlich geschriebenen Buch finden Sie alles, was Sie über Ihr Venenleiden wissen müssen.

Dr. med. Peter Salzmann

Dr. med. Peter Salzmann, geb. 1934, ist Arzt für Chirurgie und Gefäßchirurgie. Er gründete die Fachklinik für Gefäß- und Enddarmerkrankungen Oberwald in Grebenhain/ Hessen.

Inhalt

8 Was Sie von diesem Buch erwarten

11 Was sind eigentlich Venenleiden?
12 Wie funktioniert unser Blutkreislauf?
14 Die Venen: wahre Schwerstarbeiter
18 Vorsicht: Venenleiden können gefährlich sein
20 Wie Krampfadern entstehen
26 Krampfadern: ein Volksleiden
28 Krampfaderbrüche bei Männern
30 Venenentzündung als Folge unbehandelter Krampfadern
32 Die tiefe Venenthrombose
36 Ein lästiges, chronisches Leiden: offene Beine

43 Wie werden Venenerkrankungen behandelt?
44 Welcher Arzt kann bei Venenleiden weiterhelfen?
46 Welche Fragen stellt der Arzt?
48 Was für Untersuchungen sind erforderlich?
54 Wenn man Krampfadern nicht behandeln lässt
60 Venenmittel - wie wirksam sind sie?
62 Kompressionsverbände und -strümpfe
66 Die Verödung von Krampfadern
70 Operative Behandlung
74 Krampfadern in der Schwangerschaft
77 Wie lassen sich Krampfaderbrüche behandeln?
78 Viel Bewegung bei Venenentzündungen
80 Die tiefe Venenthrombose: Früherkennung ist wichtig
83 Zu spät erkannte Thrombose: ein Problemfall

Was kann ich selbst gegen Venenleiden machen? **89**
Den Alltag bewältigen lernen 90
Aktive Freizeitgestaltung 92
Venen-Walking: der ideale Sport 94
Regelmäßige Gymnastik hält Ihre Venen in Schwung! 102
Gymnastik auch im Bett … 106
Übungen nach dem Aufstehen 108
Wasseranwendungen nach Kneipp 110
Leben mit Kompressionsverbänden und -strümpfen 114

Fragen, die Patienten häufig stellen **119**

Kleines Wörterbuch **124**

Register **128**

Was Sie von diesem Buch erwarten

Wahrscheinlich haben Sie dieses Buch gekauft, weil Sie unter einem Schweregefühl in den Beinen, unter geschwollenen, schmerzenden Beinen oder unter unschönen Besenreisern leiden. Vielleicht möchten Sie auch etwas gegen die ersten kleinen Krampfäderchen tun, die Sie an Ihren Beinen entdeckt haben.

Sie haben richtig gehandelt. Denn es liegt der Verdacht nahe, dass Sie unter einer Erkrankung der Venen leiden. Wahrscheinlich ist es jedoch noch nicht zu spät, etwas gegen Ihr Leiden zu tun und Schlimmerem vorzubeugen. Dabei stehen Sie mit Ihrem Venenleiden übrigens keineswegs alleine da.

Venenleiden sind weit verbreitet

Immerhin hat jeder zweite Bundesbürger Probleme mit den Beinen, wobei die Krampfadern dominieren. Es ist auch kein besonderes Problem der Frauen, wie oft behauptet wird. Moderne statistische Untersuchungen deuten darauf hin, dass Venenleiden bei Männern in nahezu gleichem Maße auftreten.

Bei Venenleiden sind Früherkennung und rechtzeitige Behandlung besonders wichtig. Deshalb bei den ersten Krampfäderchen gleich zum Arzt!

Früherkennung und rechtzeitige Behandlung sind hier besonders wichtig, denn Krampfaderleiden schreiten meist fort und verschlimmern sich, wenn man nichts dagegen unternimmt. Viele Leute betrachten die hässlichen, geschlängelten Äderchen lediglich als Schönheitsfehler und gehen deshalb nicht zum Arzt.

Als Folge davon entwickeln sich oft schwere, dringend behandlungsbedürftige Venenerkrankungen. Jeder achte Bundesbürger hat bereits ein solches fortgeschrittenes Venenleiden; mindestens eine Million Patienten leiden unter Beingeschwüren oder „offenen Beinen“: dem gefürchteten, oft nicht mehr heilbaren Endstadium einer Venenerkrankung. Denn was einmal versäumt wurde, lässt sich bei Venenerkrankungen leider häufig nicht mehr nachholen.

Im Endstadium ist oft keine Heilung, sondern nur noch eine Linderung der Beschwerden möglich; und die Lebensqualität ist durch ein solches Leiden oft erheblich eingeschränkt. Im schlimmsten Fall droht sogar Arbeitsunfähigkeit.

Krampfadern führen vor anderen Herz- und Kreislaufkrankheiten zur Arbeitsunfähigkeit. Etwa 150 000 Menschen pro Jahr werden in der Bundesrepublik wegen chronischer Venenschäden arbeitsunfähig; und über 20 000 pro Jahr sterben an einer Lungenembolie, die durch ein Blutgerinnsel aus einer Beinvene entstanden ist!

Bei den ersten Anzeichen sofort zum Arzt!

Deshalb ist es so wichtig, sich bei den ersten Anzeichen von Krampfadern gleich in ärztliche Untersuchung zu begeben. Vielleicht stellt der Arzt fest, dass die Äderchen in der Form, wie sie bei Ihnen auftreten, völlig harmlos sind (etwa die so genannten Besenreiser). Oder Ihr beginnendes Krampfaderleiden lässt sich durch eine vorbeugende Behandlung noch so weit in den Griff bekommen, dass keine Verschlimmerung eintritt.

Denn Sie können selbst durch Ihre Lebensweise sehr viel dazu beitragen, dass bei Ihnen keine Krampfadern auftreten oder dass ein einmal vorhandenes Krampfaderleiden sich nicht verschlimmert. Die Veranlagung dazu ist zwar angeboren; wer bestimmte Grundregeln beherzigt, braucht jedoch meist nicht zu befürchten, dass das Leiden bei ihm in gravierender Form auftreten wird.

In diesem Buch werden die wichtigsten Venenerkrankungen – Entstehung, Symptome und Behandlungsmöglichkeiten – ausführlich dargestellt. Außerdem erfahren Sie alles, was Sie über Untersuchungsmethoden wissen müssen. Und das Buch verrät Ihnen auch, was Sie selber für sich tun können, um einem Venenleiden vorzubeugen oder selbst mit einer schon fortgeschritteneren Venenerkrankung noch gut leben zu können.

Was sind eigentlich Venenleiden?

Unter Venenleiden versteht man eine Reihe von recht unterschiedlichen Erkrankungen des Venensystems. Sie reichen von leichten, unkomplizierten bis hin zu sehr schweren, ja sogar lebensgefährlichen Krankheitsbildern. Oftmals sind sie nicht streng voneinander zu trennen. Damit Sie sich ein besseres Bild von Ihrem Leiden machen und mögliche Gefahren einschätzen, aber auch Ängste abbauen können, werden in diesem Kapitel die häufigsten Venenerkrankungen beschrieben und erklärt.

Blutkreislauf *12*

Arbeitsweise der Venen *14*

Gefahren *18*

Krampfadern Entstehung *20*

Ursachen *26*

Krampfaderbruch *28*

Venenentzündung *30*

Venenthrombose *32*

Offene Beine *36*

Wie funktioniert unser Blutkreislauf?

Blutkreislauf

Unser Kreislauf besteht aus drei verschiedenen Gefäßsystemen: Venen, Arterien und Lymphgefäßen.

Um die Erkrankungen des Gefäßsystems besser verstehen zu können, muss man wissen, wie es arbeitet.

Damit die Zellen unseres Körpers einwandfrei arbeiten können, müssen sie ständig mit Sauerstoff und Nährstoffen versorgt werden. Gleichzeitig müssen Abfallprodukte und Schlacken laufend abtransportiert werden. Denn sonst würde der biochemische Haushalt einer Zelle schnell aus dem Takt geraten, und dann könnte sie ihre Aufgaben nicht mehr verrichten.

Für diese Ver- und Entsorgung sind drei Gefäßsysteme zuständig. Sie durchziehen unseren Körper als Röhrensysteme und stehen in engster Verbindung miteinander. In ihrem Aufbau und ihren Funktionen aber unterscheiden sie sich stark.

Das Schlagadersystem als „Lieferant"

Die Schlagadern (Arterien) transportieren das Blut vom Herzen in alle Teile unseres Körpers.

In den Schlagadern oder Arterien fließt das sauerstoff- und nährstoffreiche, kohlendioxydarme Blut – vom Herzen kommend und durch den Herzschlag angetrieben – zu allen Organen und Geweben, bis in die entfernteste Zelle hinein. Dabei verzweigen sich die Gefäße immer stärker und enden schließlich in den äußerst dünnen Kapillaren. Dieses feine Adersystem ist dafür verantwortlich, dass auch wirklich alle Zellen erreicht und versorgt werden. Die Kapillaren umspülen die Zellen, wobei der Austausch von Sauerstoff und Nährstoffen erfolgt.

An den Enden der Kapillaren nehmen die ebenfalls fein verzweigten Venen das Blut auf. Sie besorgen den

Abtransport des nunmehr sauerstoffarmen, kohlendioxyd- und schlackenreichen Blutes und leiten es wieder zum Herzen, von dem es dann zur Aufnahme von Sauerstoff und Abgabe von Kohlendioxyd in die Lungen gepumpt wird.

„Müllabfuhr" unseres Kreislaufsystems: Die Venen sorgen für den Rücktransport unseres Blutes zum Herzen.

Das Lymphsystem als „Feinvermittler"

Die dritte Säule in diesem Zusammenspiel bildet schließlich das Lymphgefäßsystem. In ihm werden eiweißreiche Gewebsflüssigkeit, Schlacken und Fremdstoffe abtransportiert, die sich zwischen den Zellen ansammeln. Letztendlich wird die Lymphflüssigkeit der Blutflüssigkeit wieder zugeführt.

Mit dem bloßen Auge lässt sich dieses System nicht mehr so ohne weiteres erkennen, weil es in ihm keine roten Blutkörperchen gibt, die Gefäßwände sehr dünn sind und ihr Durchmesser teilweise äußerst gering ist.

Auch das Lymphgefäßsystem ist Teil des Blutkreislaufs.

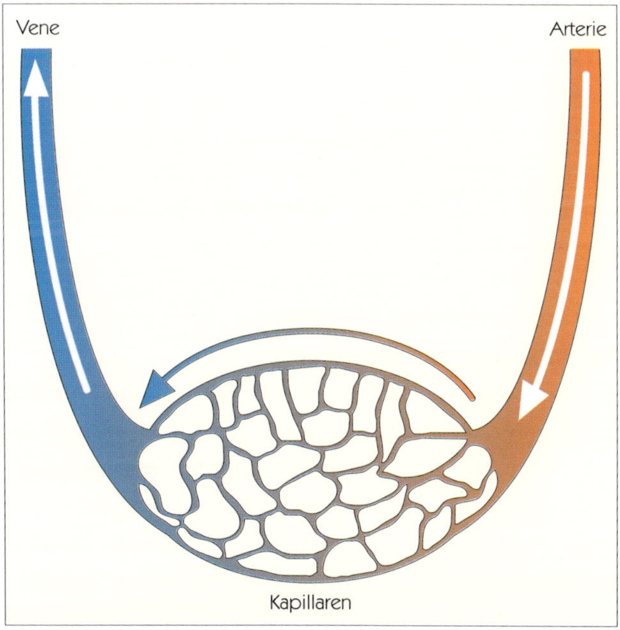

Mit Hilfe des feinen Adersystems der Kapillaren werden unsere Zellen mit dem von den Arterien kommenden Blut umspült. Am anderen Ende der Kapillaren nehmen die Venen das Blut dann wieder auf und führen es zum Herzen zurück.

Die Venen: wahre Schwerstarbeiter

Arbeitsweise der Venen

Um besser verstehen zu können, wie Venenleiden entstehen, müssen wir uns die Funktion und Arbeitsweise dieses Gefäßsystems näher ansehen.

Unsere Schlagadern haben es leichter als unsere Venen: In ihnen wird das Blut mit kräftigem Druck des Herzens in den ganzen Körper gepumpt.

In den Venen hingegen läuft das Blut ohne großen Druck zum Herzen zurück; denn der Druck des Herzens hat sich bereits in den Arterien erschöpft. Die Gefäßwände der Venen sind dünner als die der Arterien und sehr elastisch. Auch der Muskelmantel der Venen ist längst nicht so kräftig wie bei den Schlagadern.

Unsere Venen müssen beim Rücktransport des Blutes zum Herzen gegen die Schwerkraft ankämpfen.

Dennoch bekommen es unsere Venen merkwürdigerweise fertig, eine kiloschwere Blutsäule entgegen der Anziehungskraft der Erde zum sehr viel höher gelegenen Herzen zu transportieren. Das ist vor allem bei den Venen der Beine, die einen großen Höhenunterschied zu überwinden haben, eine große Leistung.

Wie transportieren die Venen das Blut zum Herzen hinauf?

Zwar besteht in unseren Venen noch ein geringer Restdruck vom Herzen; dieser reicht jedoch nicht aus, um unser Blut „bergauf" zu pressen. Hierzu sind noch verschiedene andere Faktoren notwendig.

Unterdruck im Brustraum: Während des Atmens entsteht im Brustraum ein Unterdruck, der das venöse Blut ansaugt.

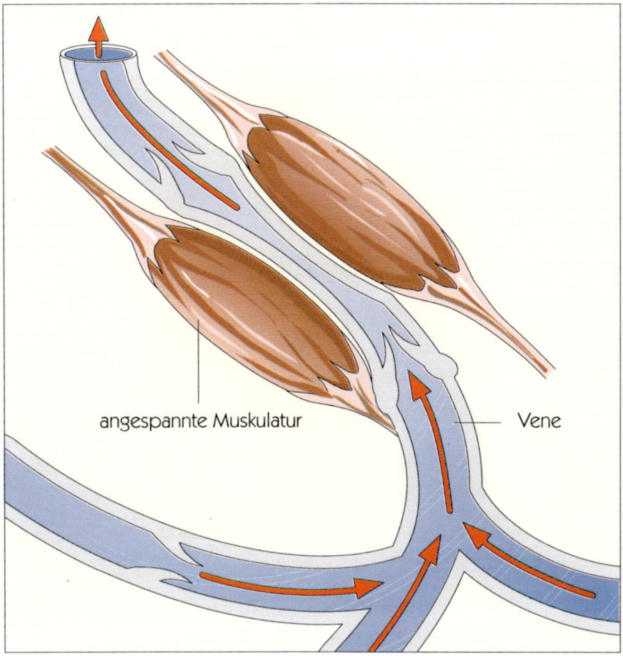

So funktioniert die Muskelpumpe: Wenn unsere Muskeln sich anspannen, drücken sie die dazwischen liegende Vene zusammen. Dadurch wird das Blut herzwärts gepresst. Der Druck in der nunmehr entleerten Vene fällt ab, so dass automatisch neues Blut nachgesaugt wird.

Muskelpumpe: Auch unsere Muskeln unterstützen – wenn sie in Bewegung sind – den Rücktransport des Blutes: Die wechselnde Anspannung der Muskulatur, zum Beispiel in der Wade beim Laufen, presst das Blut in Richtung Herz. Das funktioniert so:

Wenn wir unsere Muskeln anspannen, drücken sie die jeweils zwischen ihnen verlaufende Vene zusammen, und das Blut wird herzwärts gepresst. Dadurch fällt der Druck in der Vene, die ja jetzt entleert ist, ab, und es wird weiteres Blut nachgesaugt und transportiert.

Deshalb ist Bewegung sehr wichtig für einen gesunden, reibungslosen Ablauf unserer Venentätigkeit.

Arterienpumpe: Aber unser Venenblut fließt natürlich auch dann zum Herzen zurück, wenn wir uns nicht bewegen, die „Muskelpumpe" also nicht betätigen. Denn auch unsere Arterien wirken indirekt auf den Rücktrans-

Bewegung ist wichtig für den Rücktransport unseres venösen Blutes zum Herzen. Bei Bewegungsarmut kann es zu Schmerzen in den Beinen kommen, weil dann unter Umständen der Blutrückfluss beeinträchtigt wird.

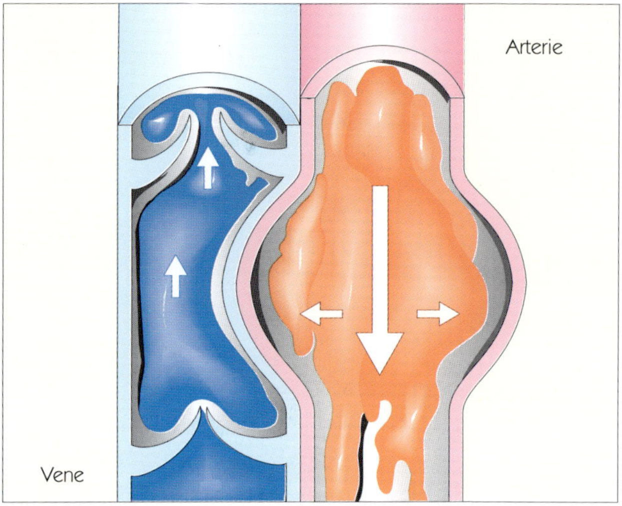

Die pulsierende Schlagader (Arterie) übt rhythmischen Druck auf die benachbarte Vene aus. Dadurch wird das Blut in Richtung Herz gepumpt.

port des Venenblutes zum Herzen ein: Die Schwingungen pulsierender Arterien, die dicht neben den Venen verlaufen, übertragen sich auf die Venenwände und drücken - ähnlich wie angespannte Muskeln - die Venen zusammen. Außer unserer Muskelpumpe haben wir also auch noch eine „Arterienpumpe".

Die Venenklappen als Paternoster

Damit aber die Blutsäule des Venensystems in den Sog- und Druckpausen nicht wieder in Richtung Schwerkraft absinken kann, sind ins Gefäßsystem der Venen in bestimmten Abständen Klappen eingebaut. Sie gleichen kleinen Segeln, die sich herzwärts öffnen und schließen, wenn das Blut in einer Sogpause oder bei Gegendruck (beim Anspannen der Bauchmuskulatur) absinken will.

Diese Venenklappen befördern das Blut paternosterartig von einem Venenabschnitt zum nächsten in Richtung Herz. Deshalb gibt es in den Venen des Unterschenkels viel mehr solcher Klappen als im Oberschenkel- und Beckenraum, und dicht vor dem Herzen gar keine mehr.

Es gibt drei verschiedene Venentypen

Man unterscheidet im Venensystem – wir wollen uns hier auf die Venen der Beine beschränken – nach ihrer Funktion drei wichtige Gefäßtypen: die tiefen Venen, die oberflächlichen Venen und die Verbindungsvenen.

Die **tiefen Venen** (Hauptvenen) liegen tief in der Muskulatur in der Nähe der Knochen und sind von einem kräftigen Muskelmantel umgeben. Sie transportieren über zwei Drittel der Blutmenge aus den Beinen.

Da aber nicht nur die Muskulatur, sondern auch das Unterhautgewebe und die Haut mit Blut versorgt werden müssen, gibt es neben den tiefen Venen auch noch **oberflächliche Venen**.

Die **Verbindungsvenen** schließlich verbinden das oberflächliche mit dem tiefen Venensystem, damit das Blut sozusagen auf dem Haupttransportweg schnell weitergeleitet werden kann. Auch sie sind mit Klappen versehen, die verhindern, dass das Blut verkehrt herum (also von innen nach außen, vom tiefen ins oberflächliche System) zurückläuft.

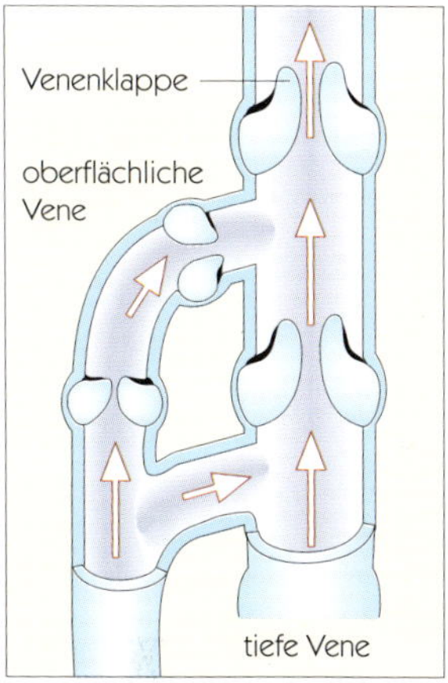

Das Blut fließt aus den oberflächlichen Venen durch die Verbindungsvenen (Mitte) ins tiefe Venensystem.

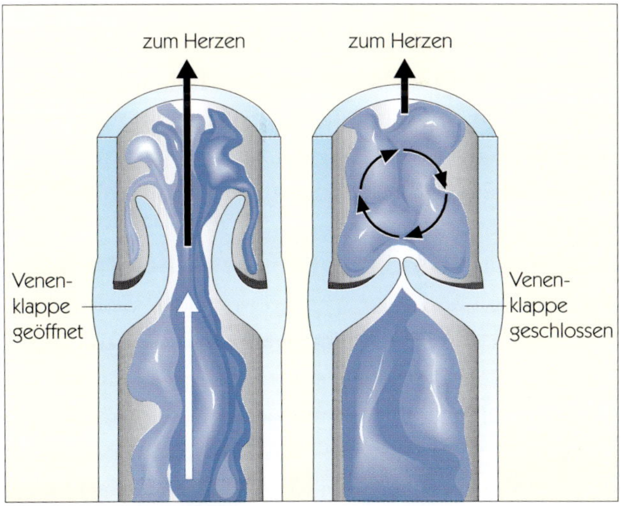

Wenn das Blut in Richtung Herz fließt, öffnet sich die Venenklappe (links). In den Sogpausen bzw. wenn die Muskelpumpe gerade nicht betätigt wird, besteht die Gefahr, dass das Blut in die Beine zurückfließt. Um das zu verhindern, schließen sich die Venenklappen (rechts).

Vorsicht: Venenleiden können gefährlich sein

Gefahren

Viele halten Venenleiden wie beispielsweise Krampfadern nur für einen kleinen „Schönheitsfehler“. Das ist jedoch ein Irrtum, der verhängnisvolle Folgen haben kann. Krampfadern gehören unbedingt in ärztliche Behandlung!

Häufige Venenerkrankungen sind:

- Besenreiser und Krampfadern
- Krampfaderbruch
- Venenentzündungen
- Thrombosen
- postthrombotisches Syndrom
- offenes Bein

Venenerkrankungen, besonders ihre leichteren Formen wie Besenreiser oder Krampfadern, werden häufig als harmlos eingeschätzt. Man argumentiert, dass die Mutter oder Großmutter auch schon welche hatte und damit ganz gut und relativ beschwerdefrei leben konnte.

In unserer modebewussten und auf äußerliche Schönheit ausgerichteten Zeit betrachten daher gerade Frauen diese Erscheinungen häufig als kosmetisches Problem und versuchen deshalb etwas dagegen zu unternehmen. Bei Männern ist dies weniger der Fall, weil sie ihre Krampfadern einfach durch entsprechende Kleidung – sprich lange Hosen – überdecken und der Angelegenheit dann keine weitere Beachtung mehr schenken.

Krampfadern – kein rein kosmetisches Problem

Nun müssen ein paar Besenreiser oder eine kleine Krampfader sicherlich nicht gleich ein Grund zu ernster Besorgnis sein. Dennoch sollten Sie sie nicht auf die leichte Schulter nehmen und sie als rein kosmetisches Problem betrachten. Alle Formen von Venenleiden – auch die leichten – haben einen Krankheitswert. Denn

Erkrankungen der Venen haben ganz allgemein die Tendenz, sich zu verschlimmern, wenn nicht rechtzeitig etwas unternommen wird. Nur in relativ wenigen Fällen bilden sie sich von alleine zurück.

Leichter Beginn – oft schwere Folgen

So kann es zum Beispiel bei Krampfadern auf längere Sicht zu Blutabfluss-Störungen und Blutstauungen kommen. Als Folge können sich Ernährungsstörungen der Haut, Ekzeme und andere Beschwerden einstellen.

In wieder anderen Fällen führen die gewundenen, unregelmäßigen Gefäße zu gefährlichen Blutgerinnseln (Thrombosen) oder zu Unterschenkelgeschwüren („offenen Beinen"), die für bakterielle Infektionen sehr empfänglich sind.

Wieder andere Erkrankungen, wie der Krampfaderbruch bei Männern, können auch auf Nierentumoren hindeuten. Generell gilt also: Nehmen Sie ein eventuelles Venenleiden stets ernst!

Achtung: Venenleiden müssen nicht immer auf ursächlichen Erkrankungen des Venensystems beruhen. Sie können auch ein Hinweis darauf sein, dass eine Erkrankung der Schlagadergefäße oder des Herzens vorliegt!

Wann sollten Sie zum Arzt gehen?

- Beim ersten Verdacht auf ein Venenleiden oder den ersten Anzeichen dafür sprechen Sie Ihren Arzt bei nächster Gelegenheit an.
- Wenn Sie über ein häufiges Schweregefühl, Schmerzen oder Stechen in den Beinen oder über geschwollene Beine klagen, sollten Sie zum Arzt gehen.
- Höchste Dringlichkeit besteht bei starken, stechenden Schmerzen oder wunden, „offenen" Beinen.
- Schmerzen in den Hoden können auch auf eine Venenerkrankung hinweisen. Gehen Sie zum Arzt.

Wie Krampfadern entstehen

Krampfadern Entstehung

Krampfadern dürfen als das häufigste Venenleiden gelten. In Mitteleuropa findet man sie mit rund 68 Prozent etwas häufiger bei Frauen als bei Männern, die zu 58 Prozent darunter leiden.

Krampfadern sind krankhaft erweiterte Venen, in denen das Blut nicht mehr richtig zum Herzen zurückfließen kann.

Das Wort „Krampfader" hat nichts mit Wadenkrämpfen zu tun und steht auch in keiner näheren Beziehung dazu. Vielmehr entstand dieses Wort aus dem Begriff „Krummader", der den schlängelnden Verlauf einer kranken Vene beschreibt.

Was ist eine Krampfader?

Die Krampfader (auch Varize genannt) ist eine Aufdehnung und Aussackung einer sonst normalen Vene im oberfächlichen Venensystem. Sie liegt also in der Regel dicht unter der Haut außerhalb der Muskulatur.

Krampfadern können sich als bläuliche Stränge einzeln entwickeln, aber auch Verzweigungen bilden oder sich netzartig ausbreiten. Sie können entweder nur an einem Bein oder aber auch an beiden Beinen in Erscheinung treten.

Wie kommt es nun zu dieser Dehnung und Aussackung von Venen?

Erinnern wir uns, was wir im vorigen Kapitel über Venen erfahren haben: Eine normale Vene hat eine ziemlich dünne, elastische Haut und nur eine geringe eigene Muskulatur. Daher ist sie unter anderem von dem Halt abhängig, den das umgebende netzartige Gitterwerk des Bindegewebes ihr gibt.

Auch verstärkte Fettansammlungen unter der Haut tragen dazu bei, dass Venen den Halt verlieren und überdehnt werden.

Liegt nun eine – in der Regel erblich bedingte – Bindegewebsschwäche vor, so wird das Bindegewebe zunehmend lockerer. Dies bedeutet, dass die Vene langsam ihren Halt verliert.

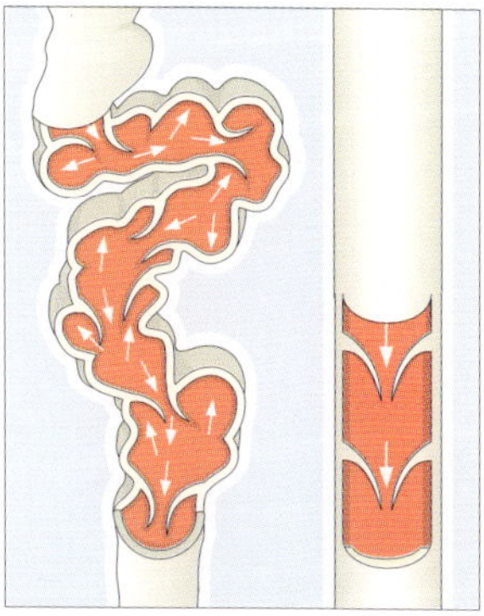

In der gesunden Vene (rechts) fließt das Blut nach oben, die Klappen sind intakt. In der Krampfader (links) staut sich das Blut und strömt teilweise auch zurück, weil die Ader überdehnt ist und die Klappen nicht mehr richtig schließen.

Ein Teufelskreis beginnt

Im Zusammenspiel zwischen hohem Gegendruck (beispielsweise beim Pressen beim Stuhlgang, Husten, Niesen oder in der Schwangerschaft) und fehlendem Halt durch das Bindegewebe wird eine solche oberflächliche Ader überdehnt. Die zarte, segelförmige Klappe kann sich nicht mehr richtig schließen, so dass das Blut nun in der Vene stehen bleibt oder gar rückwärts – also nach unten – fließt.

Da sich die muskelarme Vene nicht mehr aus eigener Kraft verengen kann, wird sie nach und nach immer weiter aufgedehnt.

Nun beginnt ein Teufelskreis, bei dem die Venenklappen immer stärker geschädigt werden und in letzter Konsequenz ihre Funktionsfähigkeit schließlich ganz verlieren. Aus dem normalerweise völlig gestreckten Verlauf der Vene wird eine Schlängelung: Die Vene sieht aus wie der Mäander eines Flussbettes. Daher kommt auch der andere Name für diese Venendeformation: Krummvene. Die Venen treten unter der Haut hervor, sind deutlich sichtbar und fühlbar, können stellenweise sogar knotig verdickt sein.

Nach und nach werden immer mehr Venenklappen verschlussunfähig und damit funktionsuntauglich. Krampfadern haben – wie Venenleiden überhaupt – die Neigung, sich im Laufe der Zeit zu verschlimmern und weiter auszudehnen. Deshalb darf man sie unter keinen Umständen auf die leichte Schulter nehmen und einfach glauben, dass sich das Problem von selbst löst. Gehen Sie bei der nächsten Gelegenheit zu Ihrem Arzt.

Krampfaderleiden nicht auf die leichte Schulter nehmen, weil sich das Leiden von alleine nicht bessert. Gehen Sie zum Arzt!

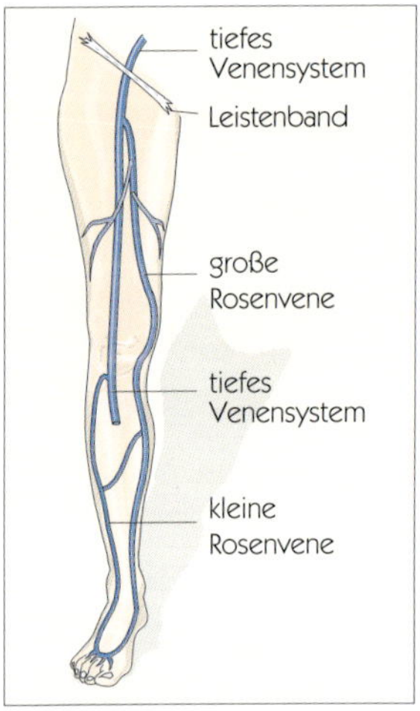

Die große und die kleine Rosenvene sind die Hauptursache für Krampfaderleiden. Ihre Krampfadern heißen „Stammkrampfadern".

Wo können sich Krampfadern bilden?

Krampfadern bilden sich hauptsächlich an den Beinen, da die Venen hier am stärksten gegen die Schwerkraft ankämpfen müssen. Betroffen sind die oberflächlichen Venen, und zwar hauptsächlich die große Rosenvene, die an der Innenseite des Beins vom Knöchel bis zur Leiste verläuft, und die kleine Rosenvene vom Außenknöchel zum Kniegelenk. Diese Venen werden auch als Stammvenen bezeichnet; dementsprechend nennt man Krampfadern dieser beiden Venen „Stammkrampfadern".

Fingerdicke Krampfadern

Stammkrampfadern bilden sich an der Innenseite des Unterschenkels, vor dem Schienbein und teilweise an der Rückseite der Wade aus.

Man sieht diese geschlängelten „Krummadern" zum Teil fingerdick hervortreten, wobei sie oft regelrechte Knäuel bilden. Je nachdem, ob die bis zur Leiste reichende Ader von starkem Fettgewebe verdeckt ist oder nicht, kann man geschlängelte Krampfadern bis zur Leiste erkennen.

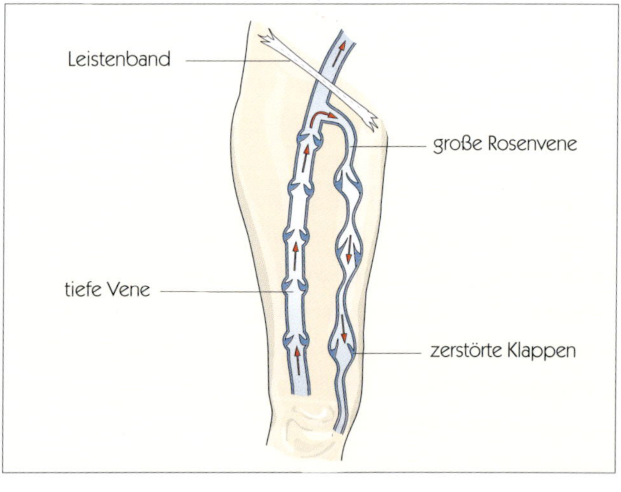

Durch die zerstörten Klappen einer Stammkrampfader (große Rosenvene) fließt das Blut ins Bein zurück.

Die erste Klappe der großen Rosenvene (Vena saphena magna) wird als Schleusenklappe bezeichnet. Sie liegt dicht an der Einmündung dieser oberflächlichen Stammvene in die tiefe Hauptvene in einem Kreuzungspunkt dicht unter dem Leistenband, in den auch andere kleinere oberflächliche Venen einmünden. Dieser später für die Behandlung wichtige Kreuzungspunkt wird als „Crosse" bezeichnet.

Bei Bindegewebsschwäche und unter Einfluss von starkem Druck kommt es zu einer Aussackung dieser Vene. Die Klappe schließt nicht mehr, und das Blut trifft unter Zunahme des Druckes auf die nächste noch intakte Klappe, die aber ebenfalls bald nicht mehr standhalten kann. So wird von der Leiste abwärts die ganze Stammvene mit ihren Seitenästen am Unterschenkel ausgedehnt, erweitert und funktionsunfähig.

Zwar ist die Vene, wie eine pralle Wurst, dick mit Blut gefüllt, aber das Blut steht darin. Erst wenn Sie das Bein über die Horizontale (und damit über Herzhöhe) hochlegen, fließt das Blut entsprechend der Schwerkraft herzwärts, in diesem Fall nach unten. Wenn Sie aber aufstehen, schießt die Blutsäule wieder in die erweiterte Ader und in die verkehrte Richtung. Dieser Teufelskreis ist ohne Behandlung nicht mehr aufzuhalten.

Eigroße Aussackungen

Jede Verstärkung des Druckes, sei es durch Pressen (zum Beispiel beim Stuhlgang), durch starkes Husten oder alleine schon durch Niesen, aber auch durch Überdruck im Bauchraum bei Schwangerschaft, weitet die Vene zunehmend aus. Im Extremfall kann es so weit gehen, dass eigroße Aussackungen entstehen. Man findet sie häufiger im Bereich der zuerst befallenen Schleusenklappe in der Leiste. Unterhalb des Leistenbandes, also in der Leistenfurche, lässt sich im Stehen eine pralle, elastische, bis

Bei jedem verstärkten Druck (Husten, Niesen, Pressen beim Stuhlgang, Schwangerschaft) dehnt sich die Krampfader weiter aus.

eigroße Vorwölbung fühlen, die im Liegen verschwindet. Häufig verwechselt man diese Aussackungen mit einem Leistenbruch.

Die meisten sichtbaren Krampfadern bilden sich auf diese Art in den Stammgebieten der großen Rosenvene und der kleinen Rosenvene. Dabei wird die kleine Rosenvene, die vom Außenknöchel bis in die Kniekehle verläuft, weniger häufig krank als die große Vene von der Leiste bis zum Innenknöchel.

Stammkrampfadern gehören unbedingt in ärztliche Behandlung, da sich daraus mit fortschreitendem Alter schwere Venenleiden entwickeln können.

Krampfadern treten oft, zum Beispiel wegen Übergewicht, schon in jungen Jahren auf. Rechtzeitige Hilfe lässt das Leiden oft problemlos beherrschen.

Vera L., 24 Jahre, leidet unter Krampfadern:

Genau wie bei ihrer Mutter und Großmutter zeigten sich bei Vera L. die ersten Krampfadern schon kurz nach der Pubertät. Damals hatte sie etliche Pfunde zu viel drauf. Krampfäderchen und Übergewicht begannen sie aber eigentlich erst richtig zu stören, als sie in der Disco von den Jungen kaum beachtet wurde.

Sie machte daraufhin eine Diät und nahm tatsächlich etliche Pfunde ab. Aber die Krampfäderchen wollten nicht verschwinden. Ihr Apotheker riet ihr ab von kosmetischen Behandlungen oder Selbstheilungsversuchen, die ihr von Mutter und Großmutter empfohlen wurden: Sie solle sich lieber einmal mit ihrem Arzt unterhalten. Nach einer genauen Untersuchung konnte der Arzt sie beruhigen: Eine operative Behandlung war nicht nötig. Stattdessen empfahl er ihr, flache Schuhe zu tragen, und viel regelmäßige sportliche Betätigung wie Laufen, Radfahren, Schwimmen und auch Tanzen.

Anfangs fiel es ihr schwer, diese Ratschläge zu beherzigen, denn schon immer war sie sehr unsportlich gewesen. Doch seit sie stets mit einer Freundin spazieren und schwimmen ging, die auch unter Krampfadern litt, motivierten sich die beiden gegenseitig. Ihr Krampfaderleiden hat sich seitdem nicht mehr verschlimmert, und mit ihrer Figur ist sie noch nie so zufrieden gewesen.

Wenn sich Krampfadern bilden oder bereits entstanden sind, spüren Sie als typische Symptome meist ein Schweregefühl im Bein, zeitweilig brennende, nicht selten stechende Schmerzen und/oder ein Anschwellen des betroffenen Beines: Die Beine werden dicker und schwerer (vor allem gegen Abend), weil sich eine größere Blutmenge darin angesammelt hat als bei einem normal funktionierenden Blutkreislauf.

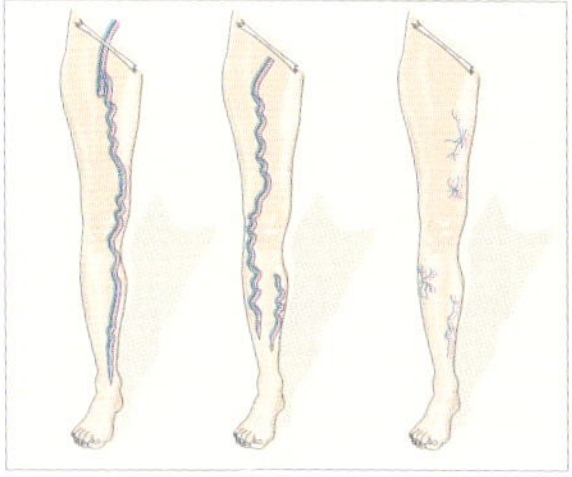

Verschiedene Arten von Krampfadern: die Stammkrampfadern, die unbedingt in ärztliche Behandlung gehören (links); die nur gelegentlich behandlungsbedürftigen Seitenastkrampfadern (Mitte) und die meist harmlosen Besenreiser (rechts).

Es gibt verschiedene Arten von Krampfadern

Bei den Seitenastkrampfadern sind kleine, unter der Haut liegende Venen und Seitenäste der oberflächlichen Stammvenen isoliert erweitert und können ein Netz von Krampfadern überall am Bein bilden. Sie treten häufig als isoliertes Krankheitsbild, aber auch in Kombination mit Stammkrampfadern auf.

Seitenastkrampfadern sind oft schmerzhaft und können Ursprung kleinerer Venenentzündungen sein. Wenn sie stören oder stark ausgedehnt sind, ist eine Behandlung erforderlich; sind sie dagegen nur ganz isoliert vorhanden, so besteht kein Grund zur Beunruhigung.

Ungeliebte Besenreiser

Besenreiser sind winzige, in der Haut liegende Venen, die sich besenreisigartig ausdehnen. Man sieht sie als bläulich-rötlich schimmernde, unschöne Verästelungen direkt in der Haut.

Es handelt sich hierbei um isolierte Erweiterungen von winzigen Gefäßen, die stark mit Blut gefüllt sind, oft aber gar keinen Zusammenhang mit anderen Krampfaderbildungen haben. Fast immer haben nur Frauen solche Besenreiserkrampfadern, wobei das Ausbreitungsgebiet vorzugsweise die Außenseite und die Vorderseite der Oberschenkel ist. Seltener tauchen Besenreiser an den Unterschenkeln auf.

Besenreiser sind in der Regel harmlos; die meisten Frauen lassen sie nur aus kosmetischen Gründen behandeln. Man sollte sie jedoch beobachten, da sie Vorboten eines Krampfaderleidens sein können.

Krampfadern: ein Volksleiden

Ursachen

Einer Untersuchung zufolge leiden über 60 Prozent aller Europäer an Krampfadern – eine erschreckend hohe Zahl. Viele Ursachen für die Entstehung liegen in unserer Lebensweise begründet.

Risikofaktoren für Krampfadern:
- falsche (ballaststoffarme) Ernährung
- Bewegungsmangel
- Übergewicht
- vererbte Anlage zur Bindegewebsschwäche
- Schwangerschaft
- Alter

Warum wird aus einer normalen Vene eine Krampfader? Grundsätzlich kann man nicht den aufrechten Gang des Menschen dafür verantwortlich machen, wie es manchmal getan wird. Der aufrechte Gang trägt sicherlich dazu bei, ein begonnenes Krampfaderleiden fortschreiten zu lassen; denn der Weg des Blutes zum Herzen ist länger und muss die Schwerkraft der Erde überwinden. Das normale Venensystem ist aber mit seinen Klappen und der die Venen umgebenden Muskelpumpe auf diese Tatsache eingestellt.

Die Lebensweise ist schuld daran

Afrikaner leiden nur zu 1 Prozent an Venenerkrankungen, Europäer zu über 60 Prozent. Aber auch die Afrikaner gehen und stehen aufrecht.

Eine sicher nicht schlechte Theorie schiebt die Hauptursache für Venenerkrankungen in der westlichen Welt auf falsche Ernährung.

Verstopfungen und Erkrankungen des Dickdarms und Enddarms tauchen oft parallel mit Erkrankungen der Venen auf.

Die Bevölkerung der Entwicklungsländer ernährt sich zwangsläufig mit faserreicher Nahrung, die sehr viele Ballaststoffe enthält. Dort kommt nicht jeden Tag Fleisch oder Wurst auf den Tisch; Gemüse, Obst und Getreide machen einen wichtigen Teil der Nahrung aus. In der westlichen Welt fehlen diese Ballaststoffe. Unsere ballaststoffarme Nahrung führt zu Verstopfung: Der Gang zur Toilette ist mit Pressen und Drücken verbunden. Die starke Benutzung der Bauchpresse wiederum bedingt einen enormen Überdruck im Venensystem. Die anfälligen Venenklappen des oberflächlichen Systems werden dadurch aufgedehnt und schließen nicht mehr richtig.

Ballaststoffe sind Substanzen der pflanzlichen Nahrung, die durch die Verdauungssäfte nicht zerlegt werden können. Sie werden mit dem Stuhl wieder ausgeschieden. Trotzdem sind sie wichtig für unsere Verdauung, da sie die Darmbewegung anregen.

Bewegungsmangel und Übergewicht

Falsche Ernährung ist also ein bedeutender Risikofaktor. Zwei andere wesentliche Faktoren sind Bewegungsmangel und Übergewicht.

Wir haben gesehen, dass die Muskelpumpe des Unterschenkels wesentlich zum Transport des Blutes beiträgt. Wird sie aber durch ständiges Stehen oder Sitzen an einem Ort nicht benutzt, so fällt dieser wichtige Transportfaktor aus. Der Weg aus dem Bett in die Garage, die Fahrt zum Arbeitsplatz, achtstündiges Stehen oder Sitzen, dann die Fahrt nach Hause und das Sitzen im Fernsehsessel schalten diese Muskelpumpe vollständig aus. Langes Sitzen oder Stehen begünstigt die Blutstauung in den Beinvenen und fördert so die Entwicklung von Venenleiden.

Hinzu kommt die Veranlagung zu einer Bindegewebsschwäche, die in über 90 Prozent aller Fälle vererbt ist. Das feste Netz der Bindegewebsfasern wird dabei locker, und die Vene erweitert sich zunehmend.

Der größte Risikofaktor ist das Alter. Schon bei den Sechzigjährigen sind die schweren Formen eines Krampfaderleidens siebenmal häufiger zu finden als bei Zwanzigjährigen. Deshalb gehören Krampfadern unbedingt rechtzeitig in ärztliche Behandlung.

Auch die Schwangerschaft bedeutet für Frauen einen erheblichen Risikofaktor, der natürlich nur im Zusammenhang mit den oben genannten Faktoren zu sehen ist, denn auch afrikanische Frauen haben viele Geburten, ohne Krampfadern zu bekommen.

Das Baby im Mutterleib übt einen starken Druck auf die Beckenvenen aus, und das Schwangerschaftshormon Progesteron wirkt entspannend auf die Venenwände. So kommt es zu einer Erweiterung der Venen.

Krampfaderbrüche bei Männern

Krampfader-bruch

Hauptsächlich treten Krampfadern an den Beinen auf. Es gibt jedoch auch eine Form von Krampfaderleiden, die nur bei Männern vorkommt: die Krampfaderbrüche an Hodenhüllen und Samenstrang.

Ein Krampfaderbruch ist eine geschwulstartige Erweiterung der Venen von Samenstrang und Hodenhüllen.

Als Krampfaderbrüche (Varikozelen) bezeichnet man geschwulstartige Erweiterungen der venösen Blutgefäße des Samenstranges sowie der Hodenhüllen. Sie sind oft anlagebedingt und finden sich überwiegend bei jungen Männern. So leiden rund 20 Prozent aller 20-Jährigen unter einem Krampfaderbruch. Dabei ist zu 90 Prozent der linke Hoden betroffen.

Behandlung von Krampfaderbrüchen ▷ Seite 77

Häufig findet man Krampfaderbrüche bei großen, schlanken Männern, die gleichzeitig eine Veranlagung zu Hodenbrüchen haben. Nicht anlagebedingte Krampfaderbrüche können sich hingegen in jedem Alter bilden.

Potenzstörungen sind ein Warnsignal

Krampfaderbrüche entstehen durch einen Rückstau des Blutes in den Venen, der zu einem erhöhten Druck im betroffenen Blutgefäß führt. Ursachen dafür sind meist anlagebedingte mangelhaft ausgebildete oder fehlende Venenklappen. Doch auch Schwächen in den Gefäßwänden oder ein schlaffes Hodengewebe können einen Krampfaderbruch verursachen.

Bei einem Krampfaderbruch verlängert sich der betroffene Hoden und wird schwerer. Am Hoden fühlen sich die verdickten und gestauten Venen wie kleine Würmer an. Die verdickten Venen sind weich und lassen sich wegdrücken. Schmerzen können auftreten, sie sind aber keineswegs typisch. Wenn man einen Schmerz empfindet, ist er meist dumpf, selten stark.

Vor allem kleine, anlagebedingte Krampfaderbrüche werden oft gar nicht bemerkt. Manchmal führen sie lediglich zu Potenzstörungen.

Die nicht anlagebedingten Krampfaderbrüche entwickeln sich dagegen oft rasch und können schmerzhaft sein. Je nach Art der Erkrankung ist der weitere Verlauf recht unterschiedlich.

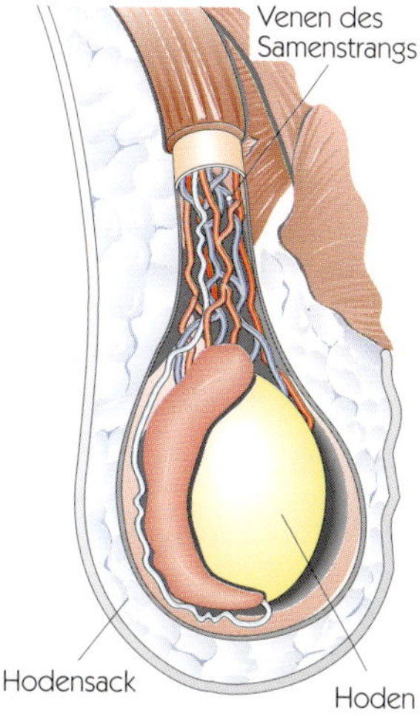

Bei einem Krampfaderbruch schwellen die Venen des Samenstranges an. Sie lassen sich wie „kleine Würmer" ertasten.

Verdacht auf Nierentumor

Auf der linken Körperseite fließt das verbrauchte Blut aus dem Hoden über die Nierenvene zurück. Wenn ein Krampfaderbruch am linken Hoden in Erscheinung tritt, besteht grundsätzlich der Verdacht auf einen Nierentumor! Sie sollten deshalb schnellstens zum Arzt gehen, denn nur er kann diese schwerwiegende Diagnose durch eine eingehende Untersuchung ausschließen. Zum Glück ist dies meistens der Fall, denn nur relativ selten wird tatsächlich ein Tumor ausgemacht.

Unfruchtbarkeit kann die Folge sein

Wenn Krampfaderbrüche nicht behandelt werden, können sie zur Unfruchtbarkeit führen. Der Grund dafür ist bislang noch nicht genau bekannt. Man nimmt an, dass die Blutstauung zu einem Sauerstoffmangel und zu einer Störung in der Spermienreifung führt. Auch eine erhöhte Temperatur in den Hoden kann die Reifestörungen verursachen, weil die stark mit Blut gefüllten Varikozelen wie eine Heizschlange wirken.

Oft werden Krampfaderbrüche erst bei einer Untersuchung wegen Unfruchtbarkeit entdeckt. Wenn das Leiden operativ behandelt wird, verbessert sich die Spermienbildung in fast der Hälfte aller Fälle wieder.

Krampfaderbrüche können harmlos sein. Trotzdem sollten Sie sie ernst nehmen! Denn nur der Arzt kann eindeutig feststellen, ob sie wirklich ungefährlich sind. Außerdem können sie zu Potenzstörungen und Unfruchtbarkeit führen. Auch deshalb ist eine Untersuchung beim Arzt wichtig.

Venenentzündung als Folge unbehandelter Krampfadern

Venen-entzündung

Krampfadern können von Venenentzündungen befallen werden. Oft stecken ganz unbedeutende Ursachen (Blutstauungen, Abschnürungen, Quetschungen) dahinter. Die Folge ist eine sehr schmerzhafte Entzündung, die manchmal auch zu Komplikationen führen kann.

Typische Symptome einer Venenentzündung: Rötung der Vene („roter Strang"); Hitze und Druckempfindlichkeit; Schmerzen, vor allem beim Betasten der Vene und bei Bewegungen; Anschwellung des umliegenden Gewebes

Langes Sitzen auf Reisen kann bei geschädigten Venen zum Problem werden. Deshalb immer wieder aufstehen, im Gang hin und her laufen. Empfehlenswert ist es auch, Kompressionsstrümpfe (▷ Seiten 62, 116) zu tragen.

Die Venenentzündung (Thrombophlebitis) ist eine Reizung der Venenwand, fast immer verbunden mit Blutgerinnung und Bildung eines Blutpfropfes (Thrombus).

Meistens wird eine schon vorhandene Krampfader befallen. Es handelt sich nicht um eine Entzündung durch Bakterien, sondern zunächst tritt eine Blutgerinnung auf. Dies kann schon allein durch einen Stoß oder eine Stauung, beispielsweise bei zu langem Sitzen, entstehen: Das Blut, das in der Krampfader ja sowieso nur sehr langsam fließt, kommt zum Stocken und gerinnt. Das Gewebe außen herum reagiert mit einer Anschwellung. Dazu kommt eine Rötung der Vene, verbunden mit Druckempfindlichkeit und starken Schmerzen.

Typische Symptome

Eine Venenentzündung lässt sich also sehr leicht an ihren Symptomen erkennen: Rötung, Anschwellung, Hitze, Druckschmerz und Verhärtung des umliegenden Gewebes. Das sind die ganz typischen Erscheinungsbilder, die immer wieder von Patienten geschildert werden.

Menschen mit unbehandelten Krampfadern laufen stets Gefahr, eine Venenentzündung zu bekommen. Auslösend sind dabei fast immer Bagatellunfälle – etwa ein Stoß, eine Quetschung oder Abschnürung, zum Beispiel durch Kniestrümpfe mit zu engen Gummis. Manchmal reicht auch schon eine Blutstauung durch zu langes Sitzen mit angewinkelten Beinen (lange Autofahrt, Flugreise) aus. Auch zu langes Sonnenbaden oder zu starke Wärmezufuhr (heißes Bad, Heizkissen) können zur Venenentzündung führen.

In der Regel ist eine solche Venenentzündung harmlos und heilt unter ärztlicher Behandlung rasch wieder ab. Grundsätzlich besteht aber bei einer Venenentzündung durch die damit verbundene Blutgerinnung immer die Gefahr einer tiefen Venenthrombose (das heißt eines Verschlusses der tiefen Venen durch ein Blutgerinnsel) und letztlich auch einer Lungenembolie: Ein Blutgerinnsel kann sich lösen und mit dem Blutstrom zur Lunge wandern, wo es dann in den Gefäßverästelungen der Lungenarterien stecken bleibt und Teile des Lungenflügels lahm legt – eine gefährliche Komplikation.

Venenentzündungen verlaufen vielfach harmlos. Dennoch sollten Sie sich bei den Symptomen schnellstens in ärztliche Behandlung begeben, weil die Gefahr einer gefährlichen Thrombose besteht!

Die springende Venenentzündung

Die „springende Venenentzündung“ (Phlebitis migrans) tritt bei normalen, unter der Haut liegenden Venen auf. Die Abheilung erfolgt relativ schnell. Doch bereits nach kurzer Zeit kommt es an einer anderen Stelle zu einer neuen Entzündung. Diese Krankheit ist oft ein Zeichen für venenunabhängige Allgemeinerkrankungen.

So kann sie ein Signal für bösartige Geschwülste, für allgemeine Infektionskrankheiten oder allergische Gefäßreaktionen sein.

Die tiefe Venenthrombose

Venen-thrombose **Eine sehr gefährliche Form venöser Erkrankungen ist die tiefe Venenthrombose: eine Verstopfung der tiefen Venen durch Blutgerinnsel. Hier ist sofortige ärztliche Hilfe notwendig.**

Risikofaktoren für die Bildung von Thrombosen:

- Venenentzündung
- längere Bettruhe
- Schwangerschaft
- Wochenbett
- Antibabypille
- Rauchen
- langes Sitzen mit abgeknickten Beinen.

Bei den ersten Symptomen sofort zum Arzt!

Erinnern wir uns: Es gibt drei verschiedene Arten von Venen – die tief in der Muskulatur liegenden **Hauptvenen**, die weiter außen liegenden **oberflächlichen Venen**, die unsere Haut und das Unterhautgewebe mit Blut versorgen, und die **Verbindungsvenen**, die das Blut aus oberflächlichen in tiefe Venen transportieren.

Blutstillstand durch verstopfte Adern

Bei der tiefen Venenthrombose werden, wie der Name schon sagt, die tiefen Venen, also die Hauptadern, durch Blutgerinnsel verstopft. Das Blut fließt zwar noch in die Vene hinein, wird aber nicht mehr abgeleitet: Es kommt zum Stillstand. Solche Thrombosen können verschiedene Ursachen haben:

- **Venenentzündung:** Sie können zum Beispiel als Folge einer Venenentzündung (Thrombophlebitis) entstehen, wenn statt Bewegung Bettruhe eingehalten wird, denn dadurch verlangsamt sich der Blutfluss; die Gerinnselbildung wird begünstigt.
- **Bettruhe:** Auch sonst erhöht längere Bettruhe (zum Beispiel nach einem Unfall oder einer Operation) das Thromboserisiko, weil die verringerte Strömungsgeschwindigkeit des Blutes zur Gerinnselbildung führen kann.

- **Schwangerschaft:** Während der Schwangerschaft oder auch im Wochenbett können ebenfalls Thrombosen auftreten. (Die Schwangerschaft ist nämlich eine Belastung vor allem für vorgeschädigte Venen; das Liegen im Wochenbett kommt dann als Problemfaktor noch hinzu.)
- **Antibabypille:** Ein Thrombose-Risikofaktor ist auch die Einnahme der Antibabypille, vor allem, wenn noch Nikotin dazukommt. (Die Pille erhöht die Gerinnungsfähigkeit des Blutes.)
- **Ungeschicktes Sitzen:** Das reinste „Gift" für Menschen mit vorgeschädigten Venen ist langes, abgeknicktes Sitzen im Auto oder Flugzeug. (Schon vier Stunden können für eine Thrombose ausreichen.)
- **Ohne Ursache:** Thrombosen können aber auch ohne erkennbaren äußeren Einfluss entstehen.

Das Tückische daran: Man merkt es nicht immer

Es gibt tiefe Venenthrombosen, die ohne dramatische Ereignisse ablaufen. Der Patient merkt überhaupt nichts davon. Dies passiert gar nicht einmal so selten, denn immerhin haben ein Drittel aller befragten Patienten nicht gemerkt, dass sie eine Thrombose hatten.

Das liegt daran, dass die Gerinnselbildung nahezu schmerzfrei ablaufen kann. Häufiger sind allerdings heftige Schmerzen von der Wade bis zur Leiste, ein Anschwellen des Beines und vor allen Dingen eine Druckempfindlichkeit der Wadenmuskulatur mit einer Spannung im ganzen Bein sowie Fieber.

Eine tiefe Venenthrombose ist wohl die folgenschwerste Form eines Venenleidens: Wenn sie nicht sofort behandelt wird, führt sie zu irreparablen Schädigungen – es entsteht ein chronisches Leiden. Deshalb muss man sich bei den oben beschriebenen Symptomen sofort in ärztliche Behandlung begeben.

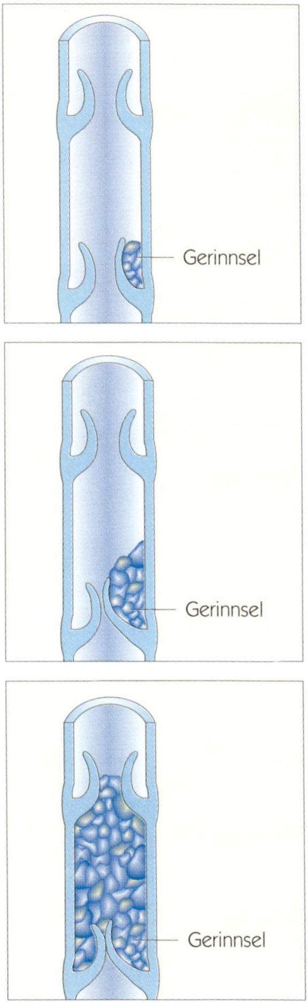

So entsteht ein Blutgerinnsel in einer Vene: Erste Gerinnsel bilden sich hinter den Venenklappen (oben) und dehnen sich dann immer weiter aus (Mitte). Schließlich verstopft das Gerinnsel den ganzen Venenabschnitt (unten).

Immerhin gehen allein in Deutschland jährlich rund 30 000 Todesfälle auf das Konto einer Lungenembolie. Ursachen sind zu über 90 Prozent eine tiefe Bein- oder Beckenvenenthrombose. Das Risiko nimmt mit steigendem Alter zu; allerdings ist die Tendenz heute auch unter jungen Menschen steigend.

Gefahr einer Lungenembolie

Bei einer akuten tiefen Venenthrombose besteht immer die Gefahr einer Lungenembolie. Denn im frühen Stadium klebt das frische Blutgerinnsel nur relativ leicht an der Venenwand. Es kann sich daher, zum Beispiel durch eine hastige Bewegung oder beim Husten, ablösen. Der Blutstrom reißt das abgelöste Gerinnsel mit, und es gelangt über das Herz in den arteriellen Blutkreislauf, genauer gesagt, in die große Lungenarterie. Hier wird es weitergetragen, bis es schließlich in den feinen Gefäßverästelungen der Lungenarterien stecken bleibt und sie verschließt. Dies nennt man eine Lungenembolie.

Vorsicht, Lebensgefahr!

Wenn es sich nur um wenige, kleine Blutgerinnsel handelt, merkt der Betroffene oft gar nichts davon, weil sie nur wenige und kleine Arterienäste der Lunge blockie-

Die schwerste Form der Thrombose

Bei der Thrombose lassen sich verschiedene Formen unterscheiden. Das schwerste Bild einer Thrombose, bei der alle Venen verschlossen sind, ist das Krankheitsbild der blau-roten Schenkelgeschwulst (Phlegmasia coerulea dolens).

Durch Thrombenbildung im gesamten Venensystem schwillt das Bein unter heftigen Schmerzen stark an, so dass auch die Blutzufuhr durch die Schlagadern abgedrückt wird. Die Ernährung des Beines ist gefährdet.

Ein lebensbedrohlicher Zustand tritt ein, der nur durch eine sofortige Operation beseitigt werden kann. Doch glücklicherweise ist dieses Krankheitsbild sehr selten.

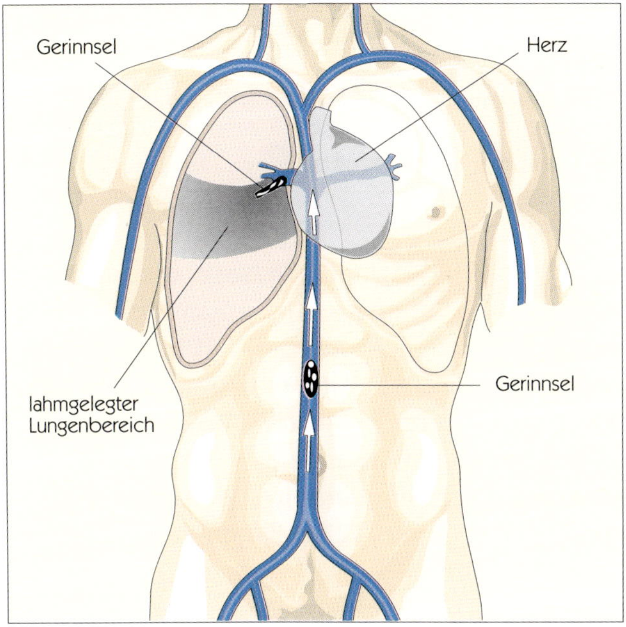

Bei einer tiefen Venenthrombose besteht immer die Gefahr, dass ein Blutgerinnsel von der Venenwand losgerissen und in die Lunge transportiert wird, wo es sich festsetzen und einen Teil eines Lungenflügels lahm legen kann (Lebensgefahr!).

ren. Nehmen sie aber ein größeres Ausmaß an, oder ist das Gerinnsel groß (es kann über 50 cm lang sein) und verstopft die Hauptarterien der Lungen, kommt es zu Kurzatmigkeit, schnellem Atmen, Stichen im Brustraum, zu rascher, unregelmäßiger Herztätigkeit (Herzjagen), kalten Schweißausbrüchen, Fieber, Ängsten und zum Schock. Oft werden diese Symptome auch noch von Husten und Bluthusten begleitet.

Die Blutstauung im arteriellen System führt nämlich zu einer Überlastung des Herzens, die zu schweren Herzerkrankungen und zum Tode führen kann. Leider werden viele Thrombosen erst nach einer Lungenembolie entdeckt.

Daher sollten Sie die Gefahren einer Thrombose mit den möglichen Folgen einer Lungenembolie nicht unterschätzen und sich rechtzeitig in ärztliche Behandlung begeben.

Ein lästiges, chronisches Leiden: offene Beine

Offene Beine **Eine Thrombose, die nicht rechtzeitig erkannt und behandelt wird, geht mit der Zeit in ein irreparables, chronisches Venenleiden über, das sich unter anderem in Beingeschwüren äußert – den so genannten „offenen Beinen". Diese Unterschenkelgeschwüre begleiten den Patienten dann oft ein ganzes Leben lang.**

Das offene Bein ist eine meist nicht mehr reparable Spätfolge überwiegend venöser, in der Regel erblich bedingter Erkrankungen. Es heilt nur selten ab, sondern neigt dazu, sich zu vergrößern und auszubreiten.

Wenn Sie mit einer tiefen Beinvenenthrombose erst nach einigen Wochen in Behandlung kommen, weil sie – aus welchen Gründen auch immer – nicht rechtzeitig erkannt wurde, so ist eine vollständige Abheilung nicht mehr möglich. Denn durch die tiefe Venenthrombose werden große Teile oder auch das gesamte tiefe Venensystem (oftmals einschließlich der Beckenvene) verschlossen, so dass das Blut nicht mehr richtig aus den Venen abfließen kann.

Nach einer Thrombose versucht sich der Körper zwar selbst zu helfen, der Erfolg ist jedoch nur mäßig. Auch ärztliche Maßnahmen können das Fortschreiten der Erkrankung nur noch bremsen.

Unbehandelte Thrombosen werden zum chronischen Leiden

Im Laufe der Zeit geht die akute Thrombose in chronische Veränderungen über: In das reine, aus roten Blutkörperchen bestehende frische Blutgerinnsel lagern sich andere Zellen ein und verbinden es immer fester mit der Vene.

Das hat den Vorteil, dass das Blutgerinnsel jetzt nicht mehr so leicht abreißen kann – die Gefahr einer

Lungenembolie ist also nicht mehr so groß wie in den ersten Wochen, in denen der Patient - ohne es zu wissen - wie mit einer Zeitbombe lebt. Nach etwa einem Jahr ist die Emboliegefahr vollends gebannt: Das ehemalige Blutgerinnsel ist jetzt so vollständig mit der Venenwand verbacken, dass es sich überhaupt nicht mehr lösen kann.

Eine irreparable Schädigung der Venen ist eingetreten

Diese feste Verbindung hat aber auch einen entscheidenden Nachteil: Die zarten Venenklappen verkleben dabei und werden funktionsunfähig, das heißt, sie können sich nicht mehr richtig schließen und das Absacken des Blutes in die Beine verhindern. Die sonst sehr glatte und gleichmäßige Innenwand der Vene wird unregelmäßig und rau. Das Blut kann entweder in dieser Vene gar nicht mehr oder nur noch stark behindert fließen.

Selbsthilfemaßnahmen des Körpers

Der Organismus versucht nun, sich selbst zu helfen und das verschlossene Gefäß wieder zu öffnen (diesen Vorgang bezeichnet man als Rekanalisation): Durch chemische Prozesse, bei denen gerinnungsauflösende Substanzen eingesetzt werden, versucht er das Gerinnsel zu beseitigen und den Blutrückfluss zum Herzen wieder in Gang zu bringen.

Bis zu einem gewissen Grad gelingt es ihm auch, wieder einen Durchgang zu schaffen, durch den das Blut abfließen kann (siehe Abbildung rechts unten). Aber da die Venenklappen ja zerstört sind, kann das Blut trotzdem nicht mehr unbehindert zum Herzen fließen. Die Blutsäule pendelt hin und her: Jeder Druck, jeder Hustenstoß presst sie wieder abwärts. Es kommt zu ständigen Blutstauungen in den Beinen.

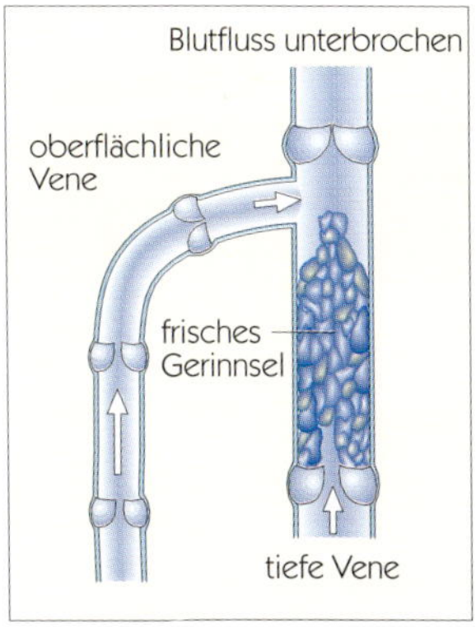

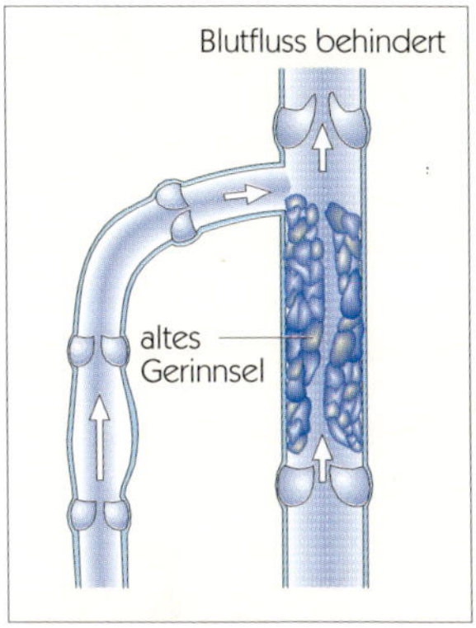

Nach einer Woche ist das Blutgerinnsel noch ganz locker mit der Venenwand verbunden – es kann sich jederzeit losreißen und zur gefährlichen Lungenembolie führen (oben). Nach einem Jahr ist das Gerinnsel fest mit der Venenwand verwachsen: Die Gefahr der Lungenembolie ist gebannt, der Blutfluss aber behindert und die Vene irreparabel geschädigt (unten).

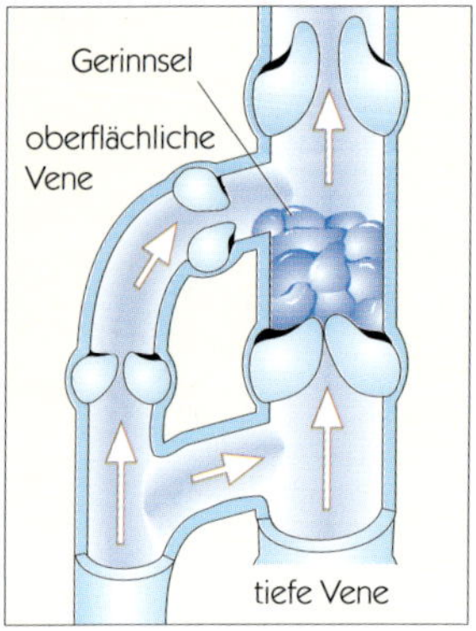

Wenn eine tiefe Vene verstopft ist, wird das Blut über die oberflächlichen Venen umgeleitet. Diese dünnen Venen, die für eine so große Blutmenge nicht geschaffen sind, werden dadurch extrem überstrapaziert: Sie entwickeln sich zu Krampfadern.

Die „Umleitung“: leider auch keine Patentlösung

Als zweite Gegenmaßnahme versucht der Körper nun mehr Umleitungen zu schaffen, die die verstopfte Vene ersetzen sollen: Nebenvenen übernehmen den Abtransport des Blutes.

Die wichtigste Rolle spielt jetzt das oberflächliche Venensystem und hier besonders die große Rosenvene, die oftmals das einzige noch gut funktionierende Umgehungsgefäß ist. Bei einem zusätzlichen Verschluss der Beckenvene aber kann das Blut selbst über diesen Umgehungskreislauf nicht mehr weiterfließen. Auch andere Nebenvenen transportieren das Blut mehr schlecht als recht nach oben.

Weil diese Venen dadurch natürlich stark belastet werden - denn sie waren ja ursprünglich nicht für eine so große Blutmenge vorgesehen -, können auch sie sich zu Krampfadern entwickeln (den so genannten sekundären Krampfadern).

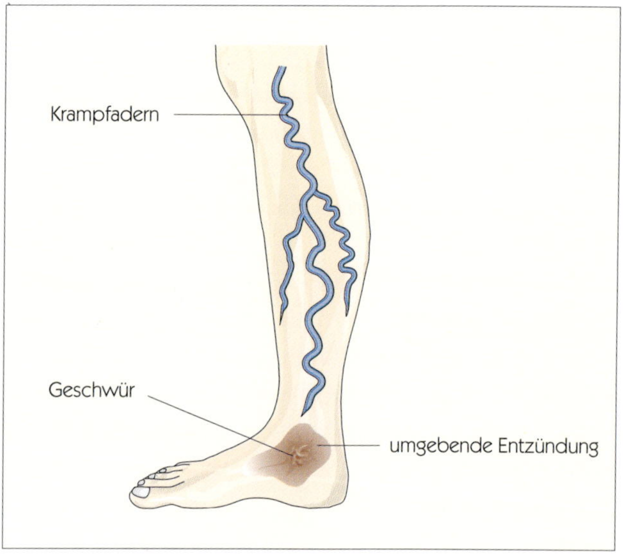

Da das venöse Blut nicht mehr richtig abfließen kann, sammeln sich Schlacken und Gewebswasser im umliegenden Gewebe an. Die Haut wird nicht mehr richtig versorgt: Sie bildet dunkle Flecken und bricht schließlich auf – ein Geschwür entsteht.

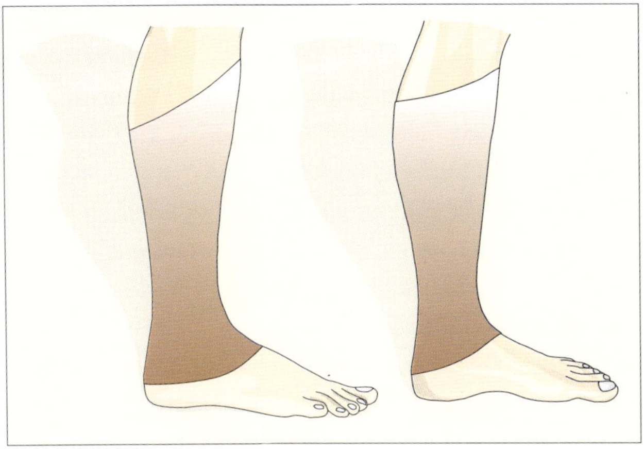

Unterschenkelgeschwüre entstehen meist im unteren Drittel des Unterschenkels, vor allem um den Innenknöchel herum.

Weitreichende Folgen

Die akute Thrombose ist nun zu einem chronischen Leiden geworden, nämlich zu der „chronisch venösen Insuffizienz". Sie geht mit zahlreichen schwerwiegenden Beschwerden einher:

Da das Blut nicht mehr richtig abfließen kann, kommt es zu ständigen Blutstauungen und Schwellungen im betroffenen Bein. Schlacken, Abfallstoffe und Gewebsflüssigkeit, die normalerweise von den gesunden Venen mit dem Blut zum Herzen zurückgeleitet werden würden, können nicht mehr abtransportiert werden: Das umliegende Gewebe „versumpft" regelrecht. Die Stoffwechselschlacken, die sich darin ansammeln, führen zu Entzündungen und Hautveränderungen: Es können sich Ekzeme bilden, und es entstehen unschöne bräunliche Flecken auf der Haut.

Nach neuesten statistischen Erhebungen leiden in Deutschland etwa eine Million Menschen unter einem offenen Bein. In rund 50 % der Fälle tritt es bei Männern vor dem 50. Lebensjahr, bei Frauen schon vor dem 40. Lebensjahr auf. Der größte Teil davon ließe sich durch rechtzeitige ärztliche Maßnahmen vermeiden.

Dunkle Hautverfärbungen sind ein Alarmsignal!

Diese Flecken sind aber keineswegs nur ein kosmetisches Problem, sondern Vorbote einer schwerwiegenden Erkrankung, die sich nicht wieder heilen lässt: des „offenen Beins". Durch die dauerhafte Stoffwechselstörung im Gewebe sterben nämlich die Hautzellen ab; ein Geschwür (Ulcus cruris) entsteht, das sehr schlecht heilt und, selbst wenn es durch ärztliche Behandlung zum Abheilen gebracht worden ist, bei der kleinsten Verletzung wieder aufbrechen kann.

Ein offenes Bein kann aber auch noch auf anderem Weg entstehen, nämlich durch eine Erkrankung der Verbindungsvenen zwischen tiefem und oberflächlichem Venensystem, die das Blut aus der Oberfläche in die Tiefe leiten. Wenn sie erkranken, sind sie die Ursache von sehr schweren Krampfaderbildungen, die man oft knäuelartig am Unterschenkel findet.

Viele Patienten gehen zu spät zum Arzt

Durch die Zerstörung ihrer Klappen und die entsprechende Aufdehnung dieser sehr kurzen Verbindungsvenen strömt das Blut in umgekehrter, also falscher Richtung aus den tiefen Hauptvenen in das oberflächliche System zurück. Dort, wo eine solche defekte Verbin-

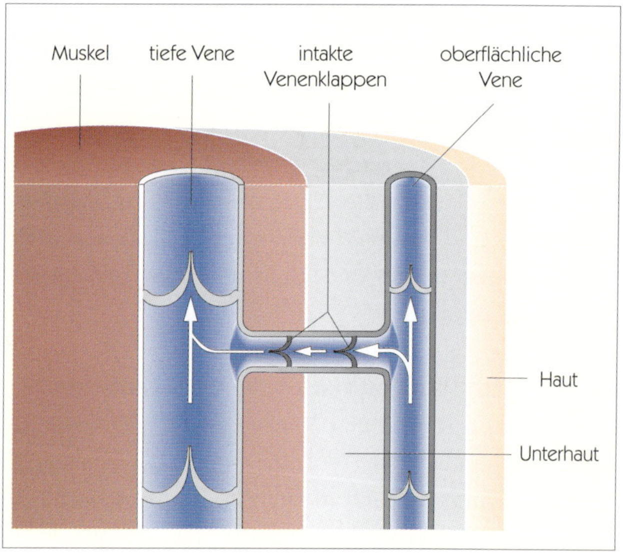

Normale, schlussfähige Verbindungsvene zwischen tiefem und oberflächlichem Venensystem. Das Blut fließt zum tiefen System ab.

dungsvene an die Oberfläche tritt, kann man die dadurch verursachte Lücke in der Muskelhaut als Loch (wie ein Knopfloch) fühlen.

Von dort aus füllen sich ebenfalls in verkehrtem Sinne zahlreiche Seitenastvenen auf, die dann auch zu Krampfadern werden. Die Haut, der wichtige Nahrungsstoffe und der Sauerstoffaustausch fehlen, erhält dunkle Flecken und bricht auf – auf diese Weise entsteht das offene Bein.

Leider gehen viele Patienten erst in diesem Stadium zum Arzt, obwohl medizinische Hilfe jetzt nur noch in eingeschränktem Maß möglich ist: Ein solcherart geschädigtes Bein kann nicht mehr endgültig geheilt werden. Wechselnde Beschwerden werden für den Rest des Lebens bestehen bleiben. Die ärztliche Behandlung kann hier nur noch Linderung verschaffen, aber keine vollständige Heilung mehr bewirken. Um ihren Zustand jetzt nicht noch zu verschlimmern, sollten Patienten mit einem offenen Bein dies keinesfalls selbst verarzten.

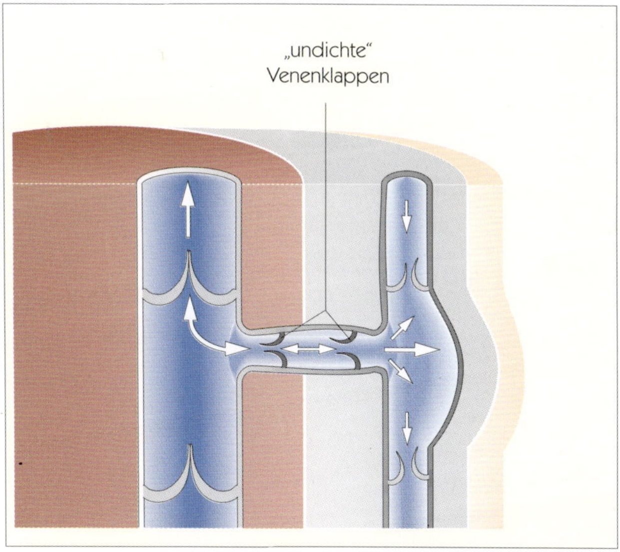

Erkrankte Verbindungsvene. Das Blut drückt aus der Tiefe gegen die Haut. Geschwüre können die Folge sein.

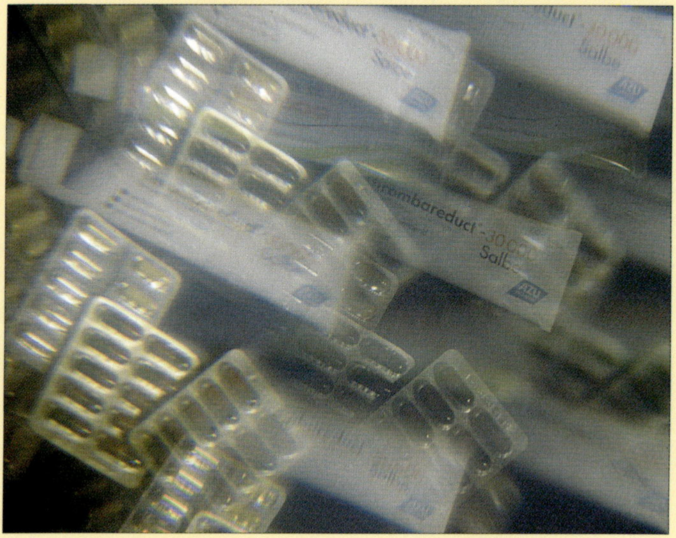
Salbe

Wie werden Venenerkrankungen behandelt?

Zu den Venenleiden zählen leichtere, aber auch sehr schwere Erkrankungen. Die schweren lassen sich niemals völlig heilen; sie sind meist darauf zurückzuführen, dass man nicht rechtzeitig zum Arzt gegangen ist. Neben modernen, größtenteils schmerzlosen Untersuchungsmethoden, mit denen Ihr Arzt die Erkrankung genau diagnostizieren kann, gibt es aber heute gute Behandlungsmöglichkeiten. Auf den folgenden Seiten die wichtigsten Untersuchungs- und Behandlungsmethoden.

Welcher Arzt? *44*

Fragen an den Patienten *46*

Untersuchungsmethoden *48*

Krampfadern Behandlung *54*

Medikamentöse Behandlung *60*

Kompressionsverbände und -strümpfe *62*

Krampfadern Verödung *66*

Krampfaderoperation *70*

Schwangerschaft Antibabypille *74*

Krampfaderbruch Behandlung *77*

Venenentzündung Behandlung *78*

Tiefe Venenthrombose Behandlung *80*

Zu spät erkannte Thrombose *83*

Welcher Arzt kann bei Venenleiden weiterhelfen?

Welcher Arzt? **Krankhaft veränderte Venen sind kein rein kosmetisches Problem, sondern können zu einem fortschreitenden Leiden führen. Nun stellt sich die Frage, welcher Arzt für die Behandlung zuständig ist.**

Viele Leute – leider auch manche Ärzte – halten Krampfadern immer noch für ein rein kosmetisches Problem: ein Irrtum, der für den Patienten schwerwiegende gesundheitliche Folgen haben kann!

Bei Venenleiden ist die Frage nach einem geeigneten Spezialisten sicherlich viel schwerer zu beantworten als bei anderen Krankheiten, denn die Kunde von den Venenerkrankungen (Phlebologie) ist in ihrer jetzigen wissenschaftlichen Form noch ein relativ junges Gebiet.

Es ist schwer, einen Spezialisten zu finden

Sicherlich ist der Hausarzt die erste Anlaufstelle. Aber leider werden, eben weil das Gebiet noch so neu ist, viele Hausärzte immer noch die Meinung vertreten, dass Krampfadern schicksalsbedingte, kosmetische Störungen sind, zumindest im Anfangsstadium. Das ist, wie wir gesehen haben, ein verhängnisvoller Irrtum!

Fachärzte für Venenleiden sind noch nicht so etabliert. Daher wird es für den Laien, oft aber auch für den Hausarzt schwierig sein, einen Kollegen zu finden, der sich ausschließlich mit Venenerkrankungen befasst.

Es muss leider gesagt werden: Mund-zu-Mund-Propaganda ist hier oftmals die beste erreichbare Auskunft. Die Spezialisten, die sich mit Venenleiden befassen, stammen aus verschiedenen medizinischen Disziplinen – und sie haben leider zum Teil unterschiedliche Behandlungsansätze, die nur der Normalausbildung ihres Fachgebiets entsprechen. In erster Linie sind es Hautärzte, die sich mit dem Problem befassen. Viele Allgemeinärzte haben sich aber ebenfalls darauf spezialisiert, außerdem Chirurgen und Orthopäden, unter denen es oft ausgesprochene Spezialisten gibt.

Wichtig: Auch der Patient muss informiert sein!

Gerade weil es noch nicht viele Venenspezialisten gibt und der Hausarzt auch nicht immer weiterhelfen kann, ist es wichtig, dass auch Sie selbst genau über die verschiedenen Venenleiden und ihre Behandlungsmöglichkeiten informiert sind. Die folgenden Seiten geben Ihnen einen Überblick über die wichtigsten Behandlungsmethoden und ihre Erfolgsaussichten.

Da Venenleiden noch ein relativ neues wissenschaftliches Gebiet und gute Spezialisten nicht leicht zu finden sind, ist es besonders wichtig, dass Sie selbst gut Bescheid wissen.

Wie geht der Arzt vor?

Wenn Sie mit einem Venenleiden zum Arzt kommen, wird er Sie nach einem ausführlichen Gespräch, in dem er Sie insbesondere nach der Vorgeschichte (Anamnese) Ihrer Beschwerden fragt, untersuchen. Denn er muss sich zunächst ein genaues Bild von der Erkrankung und vom gegenwärtigen Krankheitsbild machen, damit eine gezielte Behandlung möglich wird.

Dann wird er zunächst eine allgemeine körperliche Inspektion vornehmen, bei der er Sie im Stehen und im Liegen untersucht. Im Stehen treten zum Beispiel Krampfadern besonders stark hervor, und die Insuffizienzen (Funktionsschwächen) sind deutlich erkennbar. Im Liegen dagegen kann man sehen, wie die Blutsäule aus der Krampfader verschwindet. Der Arzt kann den Verlauf der erkrankten Ader ertasten, und er kann eventuelle Lücken in der Muskelhaut fühlen. Im Liegen lässt sich auch die Ausdehnung von eventuell verhärtetem Unterhautgewebe erkennen.

Der Arzt wird Ihnen zunächst Fragen zur Vorgeschichte Ihrer Beschwerden stellen und anschließend eine allgemeine körperliche Untersuchung vornehmen.

Welche Fragen stellt der Arzt?

Lesen Sie sich die folgenden Fragen durch, und überlegen Sie sich die Antworten darauf.

Fragen an den Patienten

Die Untersuchung beginnt mit einer Befragung des Patienten. Manche Venenspezialisten haben dazu sogar Fragebogen zusammengestellt.

1. Kommen in Ihrer Familie (Eltern, Großeltern) Krampfaderleiden vor?

90 Prozent aller Krampfadern sind vererbt – sehr oft über die Mutter, seltener über den Vater (manchmal auch mit einem Generationssprung, das heißt, es kann sein, dass die Großmutter Krampfadern hatte, die Mutter jedoch nicht, und dass nun bei der Tochter wieder ein Krampfaderleiden auftritt).

2. Wann hat Ihre Erkrankung begonnen, wie hat sie sich weiterentwickelt?

Auch diese Frage ist wichtig, weil ererbte Krampfadern auch schon in der Jugend beginnen können.

3. Waren Sie schwanger, und wenn ja, wie oft?

Ein bereits vorhandenes Krampfaderleiden verstärkt sich durch die Schwangerschaft sehr häufig.

4. Haben Sie einen Beruf, bei dem Sie viel stehen oder sitzen müssen?

Der stehende Beruf ist ein besonderer Risikofaktor. Aber auch Ihre Lebensgewohnheiten geben oftmals Aufschluss über die Entstehungsursache Ihres Krampfaderleidens – zum Beispiel, wenn Sie in Ihrer Freizeit viel sitzen und wenig Bewegung haben.

5. Hatten Sie schon einmal eine Venenentzündung oder eine Thrombose?

Diese Information ist sehr wichtig für Ihren Arzt, denn gerade eine bereits durchgemachte Thrombose kann die Art der Behandlung entscheidend beeinflussen.

6. Leiden Sie unter Hautveränderungen, Farbveränderungen der Haut, blauen Stauungsflecken?	Solche Hautveränderungen sind, wie wir gesehen haben, ein Hinweis auf ein bereits weiter fortgeschrittenes Venenleiden.
7. Haben Sie geschwollene Beine nur bei Belastung oder ständig?	Dies muss der Arzt wissen, um die Funktionsfähigkeit Ihres Venensystems beurteilen zu können. Ständig geschwollene Beine sind ein Alarmsignal!
8. Unter was für Beschwerden leiden Sie?	Diese Frage hat entscheidende Bedeutung für die Erkennung verschiedener Krankheiten mit ähnlichen Beschwerden. Venenschmerzen treten oftmals im Stehen und in Ruhe auf. Sie verschwinden beim Gehen. Schmerzen beim Gehen deuten dagegen auf eine Erkrankung der Schlagadern hin. Nächtliche Unruhegefühle (ruhelose Beine) sind Zeichen einer Funktionsschwäche. Wadenkrämpfe in der Nacht können Symptome eines schlechten Abtransports von Schlacken aus der Muskulatur sein. Sie haben aber meist nichts mit Krampfadern zu tun, sondern sind oft Folgen orthopädischer Veränderungen im Fußskelett (Senkfuß, Knickfuß usw.). Wadenkrämpfe können aber auch auf Veränderungen im Mineralsalzhaushalt (Kalium/Magnesium) hindeuten. Schmerzen an der Außenseite der Oberschenkel oder auch bis zum Kleinzeh haben fast nie ihre Ursache in den Krampfadern, sondern sind Folgen von Erkrankungen der Wirbelsäule und damit Nervenschmerzen des Ischiasnervs und seiner Seitenäste.
9. Welche Vorbehandlung hat bereits stattgefunden?	Nach erfolglosen Krampfaderverödungen sind Spezialuntersuchungen nötig, um die Ursache für die Neubildungen von Krampfadern herauszufinden.

Was für Untersuchungen sind erforderlich?

Untersuchungsmethoden

Es gibt verschiedene Untersuchungsmethoden, um Venenleiden zu diagnostizieren und andere Erkrankungen auszuschließen. Die meisten Untersuchungen sind fast oder sogar völlig schmerzlos.

Je nach Art des Venenleidens und möglichen Hautveränderungen wird sich an die allgemeine eine genauere Untersuchung anschließen. Sicherlich ist das bei Besenreisern oder offensichtlich kleineren Seitenastkrampfadern nicht immer nötig; in anderen Fällen wie Stammkrampfadern, Thrombosen, offenen Beinen oder bei einem geschwollenen Bein aber ist eine eingehende Allgemeinuntersuchung obligatorisch.

Beingeschwüre können auch andere Ursachen haben (z. B. Zuckerkrankheit, Bluthochdruck, Durchblutungsstörungen der Schlagadern). Erst die Untersuchung beim Arzt bringt Gewissheit.

Denn nicht jedes Beingeschwür ist auf eine Venenerkrankung zurückzuführen; auch Zuckerkrankheit, Bluthochdruck und Erkrankungen der Schlagadern können zu solchen Geschwüren führen. Das Tasten nach den Fußpulsen am Innenknöchel und auf dem Fußrücken gehört zu jeder Krampfaderuntersuchung. Durch diesen einfachen Griff kann eine Schlagadererkrankung – eine arterielle Durchblutungsstörung – gefunden oder ausgeschlossen werden.

Geschwollene Beine

Besonders wichtig ist die Untersuchung beim geschwollenen Bein, da hier verschiedenste Ursachen vorliegen können.

Sie können Endzustand einer **Funktionsschwäche des Venensystems** sein, bei der das Blut in den kranken, erweiterten Venen nicht mehr herzwärts fließt.

Die Schwellung kann aber auch durch eine **Miterkrankung des Lymphsystems** entstehen, bei der die zwischen den Zellen gelegene Gewebsflüssigkeit nicht mehr abtransportiert wird. Es handelt sich hierbei im Gegensatz zu den venösen Ansammlungen von Gewebsflüssigkeit (Ödem) meist um enorme, schmerzlose Schwellungen (Elephantiasis), die auch nachts oder bei Hochlagerung des Beines kaum mehr zurückgehen.

Zu Wasseransammlungen kann es auch bei **Herzschwäche** oder gestörter **Nierenfunktion** kommen.

Wenn die Hauptvenen durch **Thrombose** verschlossen sind, schwellen die Beine ebenfalls an.

Beinschmerzen können auch orthopädische Ursachen haben

Sehr häufig werden unklare Beinschmerzen beschrieben, die oft gar nicht auf Krampfadern zurückzuführen sind, sondern eine orthopädische Ursache haben (zum Beispiel Senkfüße, Gelenkabnutzung oder Erkrankungen der Lendenwirbelsäule).

Die Diagnostik des geschwollenen Beins erfordert daher eine Zusammenarbeit mit dem Internisten: EKG, Laboruntersuchung, Nierenröntgenaufnahmen und eine Untersuchung der Funktion der Nieren sind erforderlich. Eventuell müssen auch die Lymphabflusswege geröntgt werden, um festzustellen, ob das Lymphsystem erkrankt ist.

Hat der Arzt eindeutig festgestellt, dass die Beschwerden des Patienten tatsächlich auf Venenleiden zurückzuführen sind, so gibt es verschiedene Untersuchungsmethoden, mit denen er der Art der Erkrankung auf die Spur kommen kann. Sie sollen hier kurz vorgestellt werden.

Beim EKG (Elektrokardiographie) werden die Ströme des Herzmuskels aufgezeichnet. So lassen sich Herzerkrankungen diagnostizieren.

Die Abbildung auf Seite 22 zeigt den Verlauf der großen Rosenvene.

Der Trendelenburg-Test

Hierbei wird dem Patienten ein Stauschlauch unterhalb der Leiste angelegt – dort, wo die große Rosenvene in das Hauptvenensystem einmündet. Die Untersuchung gibt einen guten Überblick über die Ausdehnung des Krampfaderleidens – also über den Zustand der oberflächlichen Venen –, verrät aber nicht, ob die tiefen Venen noch intakt sind.

Die Venendruckmessung

Dabei wird dem Patienten eine kleine Kanüle in eine Fußrückenvene eingeführt, und es wird im Stehen, nach Betätigung der Muskelpumpe (Zehenstehen, Kniebeugen, Laufen auf der Stelle), der Venendruck gemessen und das Ergebnis in Form einer Kurve aufgezeichnet.

Diese Kurve wird dann mit der Venendruckkurve eines Menschen mit gesunden Venen verglichen: Bei erkrankten Venen ist der Venendruck höher. Aus den Abweichungen der Kurve des Patienten von der normalen Kurve lässt sich der Schweregrad der venösen Insuffizienz ablesen, aber auch – und das ist das Hauptziel – eine Verstopfung der Venen durch Blutgerinnsel erkennen. Außerdem gibt die Untersuchung Aufschluss darüber, ob nur das oberflächliche Venensystem betroffen ist oder ob und in welchem Schweregrad auch die tiefen Venen erkrankt oder gar funktionsuntüchtig geworden sind.

Die Lichtreflexionsrheographie

Diese unblutige, schmerzlose Methode hat die Venendruckmessung inzwischen fast ersetzt. Hierbei übermittelt ein Infrarot-Lichtkopf dem Arzt die Venenblutfülle unter der Haut. Es wird der Venendruck bei Bewegung der Wadenmuskulatur und in Ruhe ermittelt. Auf diese Weise lassen sich Thrombosen der Hauptvenen auch schon im Anfangsstadium erkennen.

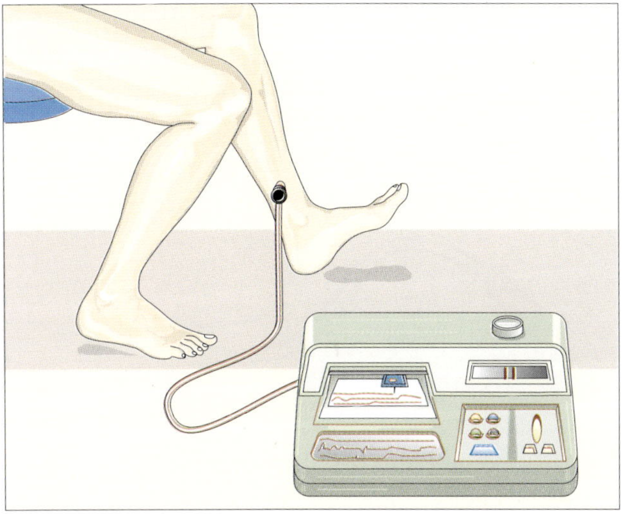

Lichtreflexionsrheographie: Mit einem Infrarot-Lichtkopf wird die Venenblutfülle unter der Haut abgelesen – ein völlig schmerzloses Verfahren.

Die Venenverschlussplethysmographie

Blutabstrom und Blutfülle der Venen lassen sich auch mit Hilfe von Blutdruckmanschetten und Messfühlern, die am Bein angelegt werden, auf schmerzlose Weise messen.

Untersuchung mit der Doppler-Ultraschallsonde

Bei dieser Untersuchung werden durch die Haut hindurch Strömungsgeschwindigkeit und Strömungsrichtung in den Blutgefäßen gemessen. Die Sonde des Ultraschallgeräts wird dabei auf der zu untersuchenden Vene aufgesetzt, und über einen Lautsprecher wird die Blutströmung hörbar gemacht. Mit diesem Verfahren lässt sich untersuchen, ob das Blut wegen defekter Venenklappen ins Bein zurückfließt, statt zum Herzen hochtransportiert zu werden. Man kann damit alle Venenabschnitte nacheinander abhören, um festzustellen, wo das Problem sitzt, und auch Verstopfungen der Venen durch Blutgerinnsel nachweisen.

Untersuchung mit der Doppler-Ultraschallsonde: Die Sonde des Ultraschallgeräts wird auf die Vene aufgesetzt. Ein Lautsprecher macht die Blutströmung hörbar: ebenfalls eine schmerzlose Untersuchungsmethode.

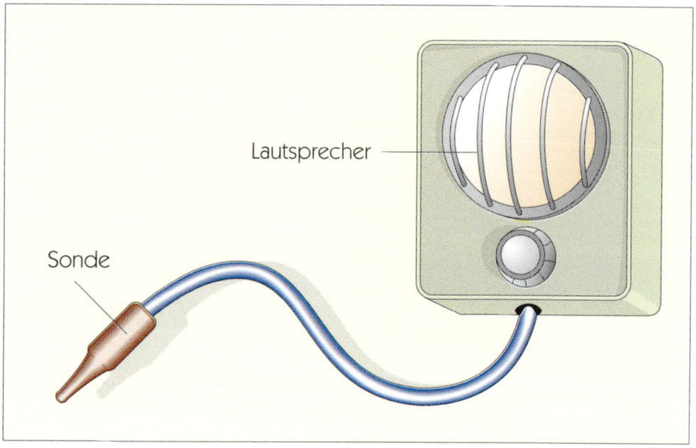

Die Ultraschall-Echtzeit-Untersuchung

Bei erkrankten Venen ist die Strömungsgeschwindigkeit des Blutes verringert und die Strömungsrichtung teilweise umgekehrt: Blut strömt ins Bein zurück statt zum Herzen.

Diese Methode ist eine Fortentwicklung der bekannten Ultraschalluntersuchung, die zur Untersuchung innerer Organe und während der Schwangerschaft häufig angewandt wird.

Dieses schmerzlose und unblutige Verfahren lässt den Arzt zum Beispiel erkennen, ob Thrombosen oberhalb des Knies vorliegen und inwieweit Aufdehnungen oder Veränderungen im tiefen Venensystem vorhanden sind. Es sind aber auch Aussagen über die Funktion des Venensystems (Strömungsgeschwindigkeit, Strömungsverlauf) möglich.

Die Röntgenkontrastdarstellung der Venen

Die wichtigste, ausschlaggebende Untersuchung der Venen ist die Röntgenkontrastmitteldarstellung (Phlebographie).

Durch diese Röntgenuntersuchung können auf einen Blick die gesamten anatomischen Verhältnisse sowohl des tiefen als auch des oberflächlichen Venensystems dargestellt werden. Man erhält Aufschluss über den Klappenzustand der tiefen Venen, über die Schnelligkeit des Blutflusses und über Art und Ausdehnung der

Krampfadern. Daher ist die Röntgenkontrastdarstellung zur Abklärung einer Stammkrampfader und vor jeder geplanten operativen Krampfaderbehandlung unbedingt erforderlich.

Ähnlich wie bei der Venendruckmessung wird auch hier eine Nadel (Kanüle) in eine Fußrückenvene eingeführt und ein Kontrastmittel in die Venen eingespritzt, um diese in der Röntgenaufnahme gut sichtbar darzustellen.

Die Röntgenkontrastmitteldarstellung kann anschließend an eine Venendruckmessung durchgeführt werden.

Diese Untersuchung erfordert beim geübten Arzt einen Zeitaufwand von etwa fünf bis zehn Minuten pro Bein und ist bis auf den kleinen Stich der Nadel am Fußrücken schmerzlos. Die Strahlenbelastung ist ebenfalls gering.

Trotzdem ist diese Untersuchungsmethode für Frauen, die schwanger sind, nur im extremen Notfall erlaubt, wenn keine andere Untersuchungsmethode zum Ziel führt. Es darf auch nicht geröntgt werden, wenn bei dem Patienten eine Unverträglichkeit für Jod vorliegt, oder bei einer bekannten Allergie oder einer nicht abgeklärten Schilddrüsenerkrankung.

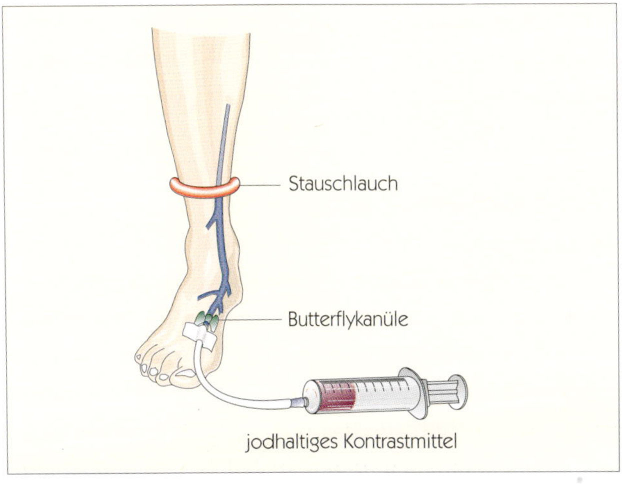

Röntgenkontrastdarstellung der Venen: Es wird eine Nadel in die Fußrückenvene eingestochen und ein Kontrastmittel in die Venen gespritzt. Außer einem kleinen Piekser spürt man nichts!

Wenn man Krampfadern nicht behandeln lässt

Krampfadern Behandlung

Krampfaderleiden neigen dazu, immer weiter voranzuschreiten. Deshalb müssen sie unbedingt behandelt werden, und zwar möglichst früh.

Wenn Sie das Buch bis hier gelesen haben, dann werden Sie vielleicht mit Recht sagen: „So weit, so gut, aber was passiert, wenn ich mich um meine Krampfadern einfach nicht kümmere und sie nicht behandeln lasse?"

Diese Frage soll hier gleich beantwortet werden, ehe wir uns näher mit den verschiedenen Behandlungsmethoden befassen.

Zunächst sei vorweggenommen: Eine einmal erweiterte Vene – also ein nicht mehr funktionsfähiger Blutleiter, eine Krampfader – lässt sich nicht mehr in die ursprüngliche Form zurückführen. Es helfen hier weder Medikamente noch Salben. Eine Krampfader bleibt Krampfader, es sei denn, sie wird vernichtet. Wie, das sehen wir später.

Erste Symptome für ein ernstes Krampfaderleiden:
- schwere Beine
- Schmerzen beim Stehen
- abendlich geschwollene Knöchel
- nächtliche Unruhegefühle in den Beinen beim Liegen im Bett

Die Beinschwellung klingt zunächst über Nacht ab, kann aber später ständig bestehen bleiben.

Sind Krampfadern eine ernst zu nehmende Erkrankung?

Es gab Zeiten, in denen wurde die Krampfaderbildung als rein kosmetisches Problem abgetan. Ihr Krankheitswert wurde nicht erkannt. Inzwischen, da man die Folgezustände näher kennt, spricht man von einem Krampfaderleiden. Sicherlich sind nicht alle Besenreiser oder die netzartigen Seitenastkrampfadern sofort behandlungsbedürftig. Aber wenn Sie begriffen haben, wie Krampfadern entstehen, dann können Sie sich sehr genau vorstellen, wie es weitergehen wird. Die Zerstörung der Venenklappen bei der Stammkrampfader (das heißt einer Krampfader der großen oder kleinen Rosenvene) schreitet immer weiter fort: Denn wenn eine Klappe zerstört ist, wird der Druck auf die nächste Venenklappe zwangsläufig größer. Diese Klappe muss nun dem Druck des Blutes von zwei Venenabschnitten standhalten und wird dadurch im Lauf der Zeit überstrapaziert und ebenfalls zerstört. So wird eine Venenklappe nach der anderen funktionsunfähig.

Den Verlauf der großen und der kleinen Rosenvene zeigt die Abbildung auf Seite 22.

Das Krampfaderleiden schreitet also fort bis zum Vollbild einer schweren venösen Insuffizienz (Funktionsschwäche der Venen). Geschwüre („offene Beine") bilden sich ebenso wie Wasseransammlungen im Knöchel- und Unterschenkelbereich.

Erste Anzeichen dafür, dass es sich nicht mehr nur um kleine Krampfadern handelt, sind die so genannten schweren Beine, die Schmerzen beim Stehen, die abendlich geschwollenen Knöchel und die nächtlichen Unruhegefühle beim Liegen im Bett.

Das Leiden verschlimmert sich meist nur langsam

Diese Veränderungen finden jedoch nicht von heute auf morgen statt: Sie brauchen oftmals viele Jahre. Das Weiterschreiten der Erkrankung ist dabei abhängig von der Veranlagung (angeborene oder ererbte Bindegewebsschwäche), vom Beruf (stehender Beruf) und von der körperlichen Betätigung (Bewegungsmangel). Bei der Frau kann außerdem jede weitere Schwangerschaft durch die erhöhte Hormonausschüttung und den Überdruck im Bauchraum zu einer Zunahme des Krampfaderleidens führen.

Ein beginnendes Krampfaderleiden schreitet ohne Behandlung immer weiter fort, aber es braucht viele Jahre, um zum nicht mehr heilbaren Endstadium, zur „chronisch venösen Insuffizienz", zu kommen.

Außer dem stetigen Fortschreiten des Krampfaderleidens, das mit zunehmendem Alter auch erhebliche Beschwerden verursachen kann, gibt es noch weitere wichtige Gründe, die den Entschluss zu einer Behandlung erleichtern:

Wegen der Thrombosegefahr müssen Krampfadern unbedingt behandelt werden.

In den zu Krampfadern ausgedehnten Venen steht das Blut oder fließt kaum noch. Stehendes Blut kann aber sehr leicht gerinnen. Ein Stoß, eine kleine Entzündung oder auch stundenlanges Sitzen im Auto oder Flugzeug reichen aus, in kleinen oder größeren Abschnitten der krankhaft veränderten Blutleiter die roten Blutkörperchen zu verklumpen: Es entsteht ein Blutgerinnsel (Thrombose). Auch bei einer schweren Krankheit mit Bettruhe oder einer Operation kann das Blut in den ausgesackten Krampfadern gerinnen.

Auch kleinere Krampfadern können sich entzünden!

Diese Gefahr besteht aber nicht nur bei den sehr großen, ausgeleierten Krampfadern, sondern auch kleinere, an sich noch nicht sehr auffällige, netzartige Krampfadern neigen dazu, sich zu entzünden.

Unabhängig von dieser steten Gefahr kann ein Fortschreiten des Krampfaderleidens zu einem offenen Bein führen, wobei dann die Hautdurchblutung zusätzlich noch durch den schlechten Wasserabfluss (Drainage) des Gewebes gestört wird.

Es bilden sich zunächst braune Flecken an der Innenseite der Unterschenkel, die sich später dann verhärten, wobei fast knochenfeste Veränderungen des Unterhautfettgewebes entstehen können. Die Folgen sind: noch schlechterer Abfluss, noch schlechtere Hautverhältnisse und eine zunehmende Entzündungsbereitschaft, wobei jedes Eindringen von Bakterien zu einem schweren Krankheitsbild führen kann.

Wichtig: Möglichst frühzeitig zum Arzt!

Eine eindeutige Diagnose kann nur der Arzt stellen.

Krampfaderleiden gehören also unbedingt in ärztliche Behandlung, und zwar möglichst früh, am besten schon bei den ersten Anzeichen. Ein Patient, der an seinen Beinen auffällige Veränderungen in der geschilderten Art der Krampfaderbildung bemerkt, sollte sich in ärztliche Beratung und Behandlung begeben, denn er selbst kann sein Leiden in der Regel nicht richtig einschätzen. Kleine, harmlose Besenreiser kann er sicherlich ohne ärztliche Hilfe als solche erkennen; aber er kann nicht sagen, ob zum Beispiel netzartige Krampfadern nicht bereits Stammkrampfadern sind oder ob sich Blutgerinnsel bilden.

Dazu - und auch zur Beruhigung des Lesers, der an Krampfadern leidet - möchte ich noch ein paar Zahlen nennen: Etwa vier bis fünf von 100 Männern und Frauen mit sichtbaren Krampfadern aller genannten Formen sind unbedingt behandlungsbedürftig. Bei ihnen bestehen schon die schweren Folgen eines unbehandelten Krampfaderleidens. Bei allen anderen besteht nur eine bedingte Behandlungsbedürftigkeit.

Welche Arten von Krampfadern müssen behandelt werden?

Verschiedene Formen von Krampfadern ▷ Seite 24, 25.

Die **Stammkrampfadern** sind auch schon in ihrem Anfangsstadium unbedingt behandlungsbedürftig; denn mit fortschreitendem Alter und je nach Veranlagung entstehen daraus die schweren Formen der venösen Insuffizienz.

Netzartige Krampfadern sind oft schmerzhaft und je nach Ausdehnung kosmetisch störend, außerdem verletzungsgefährdet und oftmals Ursprung kleinerer Venenentzündungen. Sie sollten dann behandelt werden, wenn sie stören oder stark ausgedehnt sind. Wenn sie nur ganz isoliert vorhanden sind, führen sie jedoch genauso wenig wie die Besenreiser zu den beschriebenen schweren Folgen der chronisch venösen Insuffizienz.

Besenreiser sollten dann behandelt werden, wenn sie das Lebensgefühl des Betroffenen durch ihr Aussehen beeinträchtigen. Sie können aber Vorboten für ein Krampfaderleiden sein und müssen deshalb beobachtet werden.

Leider gibt es zum Thema Krampfadern und zu deren Behandlung immer noch viele Vorurteile. Obwohl die Ärzte inzwischen ausgearbeitete Richtlinien über die Therapie von Krampfadern haben, werden Sie als Patient an jeder Straßenecke, von jedem Freund oder jeder Freundin und auch von vielen Ärzten zum Teil völlig gegensätzliche Meinungen hören:

- „Eine Behandlung ist unsinnig, die Mutter hatte auch schon Krampfadern."
- „Eine Verödung bringt überhaupt nichts."
- „Auf keinen Fall eine Operation!"
- „Auf jeden Fall eine Operation!"
- „Die Behandlung ist gefährlich."
- „Die Behandlung ist völlig ungefährlich."
- „Die Krampfadern kommen doch immer wieder."

Sie können selbst sehr viel tun!

All diese Behauptungen können nicht mit einem Satz beantwortet werden. Ich werde in den Beschreibungen der Behandlungsmöglichkeiten näher auf sie eingehen. Zwei Dinge sollten aber klargestellt werden:

▶ Ein fortschreitendes Krampfaderleiden, eine Stammkrampfader, *nicht* zu behandeln, ist gefährlicher als jeder operative Eingriff.

▶ Die eigentliche Ursache – die angeborene und vererbte Veranlagung und Bindegewebsschwäche – kann durch *keine* Behandlung beseitigt werden. Mit einer Operation oder Verödung von Krampfadern allein ist

Was Sie selbst gegen Ihr Krampfaderleiden tun können, erfahren Sie im Kapitel „Was kann ich selbst gegen Venenleiden machen?" auf Seite 89.

es also nicht getan. Der Patient kann jedoch selbst sehr viel dazu beitragen, dass vorhandene Krampfadern sich nicht verstärken oder beseitigte Krampfadern nicht wiederkehren.

Noch ein Trost zum Abschluss dieses Kapitels: Jeder Schweregrad eines Krampfaderleidens – auch das Endstadium, die chronisch venöse Insuffizienz mit offenem Bein und Wasseransammlungen im Gewebe – ist behandlungsfähig und zu beseitigen oder doch zumindest weitgehend zu bessern.

Vera M., 57 Jahre, leidet unter einem offenen Bein:

Frau M. hatte schon in der Kindheit kleine Äderchen, die nach drei Geburten stark zugenommen hatten und nun als geschlängelte Krampfadern an beiden Beinen zu sehen sind. Als Verkäuferin in einer Konditorei musste sie immer viel stehen, auch wenn sie oft am liebsten die schmerzenden Beine hochgelegt hätte. Aber dafür konnte sie abends oft den übrig gebliebenen Kuchen mitnehmen, wodurch sie allerdings mit der Zeit viel zunahm; auch begann sie, unter Verstopfung zu leiden.

Eines Tages war ein roter Fleck am Knöchel und einige Wochen später ein offenes Loch entstanden. Aber Frau M. band einfach eine Mullbinde mit einer desinfizierenden Salbe darum. Eines Morgens wachte Vera M. jedoch mit starken Schmerzen und einer deutlichen Schwellung im Bein auf und konnte kaum noch auftreten. Der Notarzt musste gerufen werden. Es bestand Verdacht, dass durch ein Blutgerinnsel die tiefen Venen am erkrankten Bein verstopft waren: Frau M. musste umgehend ins Krankenhaus. Leider ließen sich die Venen mit thromboseauflösenden Mitteln nicht mehr öffnen, so dass jetzt eine erhebliche Blutumlaufstörung besteht. Jeden Tag muss Frau M. einen Kompressionsverband anlegen. Trotzdem wird das Loch am Knöchel immer größer und heilt vielleicht nie mehr ganz ab. Hätte man die Krampfadern frühzeitig behandelt, wären Thrombose und offenes Bein höchstwahrscheinlich nicht aufgetreten.

Venenmittel – wie wirksam sind sie?

Medikamentöse Behandlung

Es gibt sehr viele Medikamente und Salben gegen Krampfadern auf dem Markt. Sie lindern jedoch nur die Symptome – Schmerzen, Schweregefühl, Wasseransammlung in den Beinen – und reichen zur alleinigen Behandlung nicht aus.

Die medikamentöse Behandlung von Krampfadern ist kein Allheilmittel, sondern sie kann das Leiden allenfalls für eine gewisse Zeit lindern helfen. Versuchen Sie es deshalb niemals mit einer medikamentösen Selbsttherapie! Krampfadern gehören in ärztliche Behandlung.

Eine einmal erweiterte Vene – eine Krampfader – bleibt Krampfader, auch wenn Sie dick Salbe darauf schmieren und noch Tabletten dagegen einnehmen. Darüber sollten Sie sich im klaren sein. Trotzdem haben einige Venenmedikamente und auch die verschiedenen Salben ihren Platz in der Behandlung des Krampfaderleidens. Sie können gewisse Begleiterscheinungen der Krampfadern – beispielsweise Schmerzen, Venenreizungen und -entzündungen, Stauungen, das Schweregefühl, das Unruhegefühl und die Wasseransammlungen im Bein – lindern oder beseitigen.

Medikamente fördern die Mikrozirkulation

Der Ansatzpunkt fast aller dieser Medikamente liegt im Bereich der Mikrozirkulation, das heißt, bei den winzigen Blutgefäßen, die von der Schlagader in das venöse System überleiten. Diese kleinen Äderchen reagieren am empfindlichsten auf alle Störungen des venösen Abflusses. Medikamente sollen hier die Blutgefäße abdichten und Entzündungen beseitigen oder Wasseransammlungen ausschwemmen. Ganz wichtig ist dabei, dass die Muskulatur sich wieder zusammenziehen kann und der Durchmesser des Blutgefäßes sich dadurch verringert.

Alle so genannten Venenpräparate sind in ihrer Wirkung sehr umstritten. Sie eignen sich immer nur als Zusatzbehandlung zur Linderung von Beschwerden, aber niemals als Dauerbehandlung. Die Vielzahl der angebotenen Venenmedikamente deutet schon darauf hin, dass nur sehr wenig Wirksamkeit zu erwarten ist.

Deshalb sollen die Medikamente hier nicht im einzelnen aufgeführt werden, sondern Sie sollten sich mit Ihrem Apotheker und Arzt darüber unterhalten, ob es für Ihr Leiden nicht eine Behandlung gibt, die bei den Ursachen – also den Krampfadern selbst – und nicht bei den Symptomen ansetzt, und welches Medikament zur vorübergehenden Einnahme für Sie zu empfehlen ist.

Man muss die Ursache – also die Krampfadern – behandeln und nicht nur die Symptome.

Barbara A., 37 Jahre, versuchte es mit Salben:

Frau A.s Krampfadern waren im Laufe der Jahre immer schlimmer geworden, so dass sie schließlich ständig lange Hosen tragen musste, um die unschönen Waden zu verbergen. Irgendwann vertraute sie sich einer Freundin an, die ebenfalls Krampfadern hatte. Die Ärzte könnten dagegen auch nichts unternehmen, erklärte die Freundin. Sie behandele ihre Krampfadern deshalb mit einer Salbe. Also versuchte Barbara A. es auf die gleiche Weise, und tatsächlich linderte das Medikament ihre Schmerzen.

Nachdem sie es sich mehrmals gekauft hatte, empfahl ihr Apotheker ihr einen Arztbesuch. Sie hörte jedoch nicht auf ihn, denn mit einem „bloßen kosmetischen Problem“ wollte sie nicht den Arzt belästigen.

Heute – rund drei Jahre später – weiß sie, dass das falsch war: Ihre Krampfadern gingen nicht weg, sondern wurden immer dicker und mehr. Deshalb ging sie am Ende doch zum Arzt. Der stellte fest, dass bei ihr schon die Stammkrampfadern betroffen waren, so dass eine Operation unumgänglich war. Danach würde sie lange Zeit Kompressionsverbände und -strümpfe tragen müssen. Wäre sie rechtzeitig zu ihrem Arzt gegangen, hätte sie sich die Operation vermutlich ersparen können.

Kompressionsverbände und -strümpfe

Kompressionsverbände und -strümpfe

Zur Behandlung von Venenleiden gibt es spezielle Verbände und Strümpfe, die einen Druck auf das Bein und damit auf die Venen ausüben. Krampfadern werden dadurch zusammengepresst, und der Blutabfluss wird verbessert.

Vom Arzt verschriebene Kompressionsverbände oder -strümpfe bezahlen die Krankenkassen. Sie können sie aber auch ohne Rezept in Ihrer Apotheke kaufen. Kompressionsverbände kosten ca. 30 DM, Kompressionsstrümpfe je nach Ausführung zwischen 30 und 180 DM.

Unerlässlich für den Erfolg jeder Krampfaderbehandlung sind der feste Kompressionsverband und der Kompressionsstrumpf. Gleichgültig, ob eine krampfaderbeseitigende Verödungsbehandlung oder operative Maßnahmen erfolgten oder ob kein ärztlicher Eingriff nötig war: Jede Therapie muss eine gewisse Zeit lang durch die von außen wirkende Kompression unterstützt werden.

Der Kompressionsverband ist aber auch die erste Maßnahme beim geschwollenen und beim offenen Bein sowie bei oberflächlichen Venenentzündungen.

Kompressionsverbände müssen in einer bestimmten Art und Weise angelegt werden, wobei elastische Binden in Quer- und Längsrichtung von den Zehengrundgelenken aus in spiraligen Touren gewickelt werden. Es ist wichtig, dass der Patient lernt, solche Verbände selber anzulegen, da sie über Nacht abgenommen werden.

Der Kompressionsverband ist die erste Behandlungsmaßnahme. Falls erforderlich, wird – zum Beispiel bei ausgedehnten Verödungen oder auf jeden Fall nach einer Operation – weiterhin ein Kompressionsstrumpf getragen. Der Kompressionsstrumpf enthält in seinem Textilgewebe eingewebte Gummifäden, die dem Strumpf eine Längs- und Querelastizität verleihen. Der Anliegedruck nimmt dabei von der Knöchelgegend zum Oberschenkel hin in einer bestimmten Größenordnung ab. Den größten Druck übt der Strumpf in der Knöchelgegend aus.

Keine Angst vor Kompressionsstrümpfen!

Die Strümpfe müssen dem Patienten angepasst werden, wobei bestimmte Konfektionsgrößen in der Regel ausreichend sind. Nur in besonderen Fällen muss ein solcher Strumpf extra nach Maß angefertigt werden. Ein Kniestrumpf reicht aus (außer nach einer Operation), weil eine Kompression am Oberschenkel oft wenig Sinn hat. In der Regel werden die Strümpfe bis zur Leiste angelegt, wobei sie dort in normales Textilgewebe über-

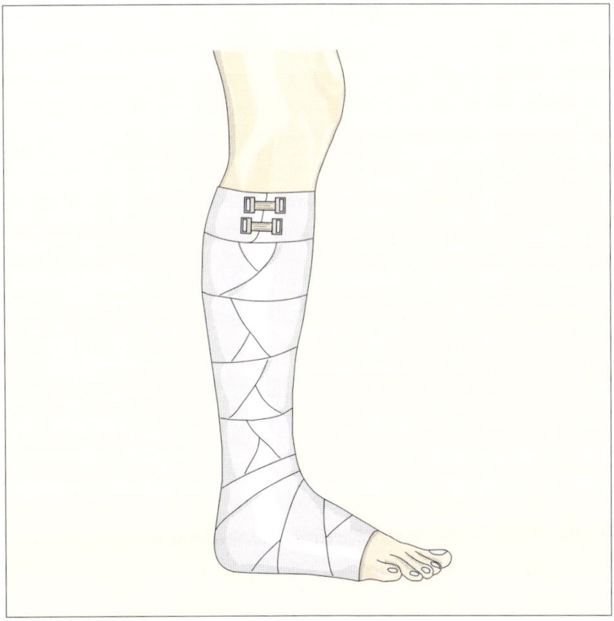

So sieht der Kompressionsverband aus. Ihn selbst anzulegen, ist nicht schwer.

gehen oder – bei Kompressionsstrumpfhosen – mit einem Textilteil (in besonderen Fällen auch mit einem Kompressionsteil) versehen sind.

Kompressionsstrümpfe sind heute kein kosmetisches Problem mehr. Es gibt also wirklich keinen Grund, sie aus Eitelkeit nicht zu tragen!

Man sollte heute wirklich keine Angst mehr vor diesen „Gummistrümpfen" haben, da sie so gestrickt werden, dass sie auch kosmetisch annehmbar sind. Sie sind bis auf die hohen Kompressionsklassen nahtlos und tragen durchaus nicht dick auf.

Wie wirken Kompressionsverbände?

Die Wirkung von Kompressionsverbänden und -strümpfen besteht in einer massierenden Unterstützung der Muskelpumpe, und damit wird der Blutabfluss aus den Venen erheblich verbessert: Das Blut kann jetzt leichter zirkulieren, das Bein wird entstaut.

Zusätzlich werden die hervortretenden Krampfadern zusammengepresst, und die Blutstauung wird auch in diesen erweiterten Gefäßen beseitigt. Das Tragen eines Kompressionsstrumpfes während der ganzen Schwangerschaft verhindert die Ausbildung von Schwangerschaftskrampfadern.

Kompressionsstrümpfe in verschiedenen Ausführungen:

- Kompressionsklasse I eignet sich für die Dauerbehandlung leichter Krampfaderleiden oder in der Schwangerschaft.
- Am geläufigsten ist die Kompressionsklasse II für Verödungen oder zur Nachsorge nach Operationen.
- Die Kompressionsklasse III, die einen starken Druck ausübt, wird für Folgezustände von Thrombosen oder Lymphstauungen angewandt.

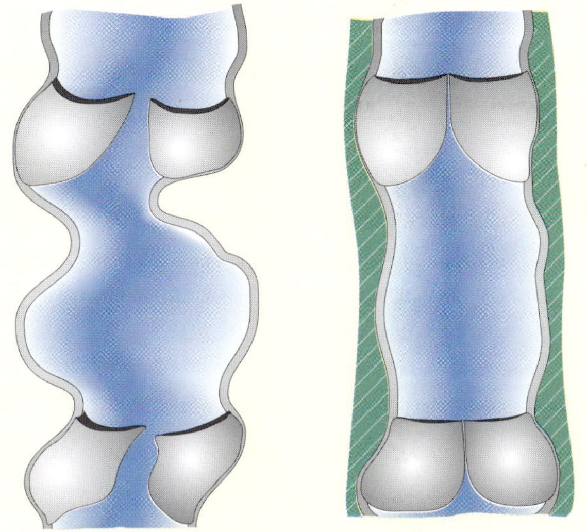

Bei der Krampfader (links) ist die Vene erweitert und geschlängelt; die Venenklappen schließen nicht mehr dicht. Durch den Kompressionsstrumpf (rechts) wird die Krampfader zusammengepresst und verengt, so dass die Klappen wieder besser schließen können. Blutstauungen werden dadurch beseitigt.

Die Kompressionsbehandlung gilt als eine hochwirksame Behandlungsmethode, die jedoch ebenso wie die verschiedenen Medikamente und Salben die Krampfadern nicht beseitigt, sondern nur ihre Krankheitszeichen (Symptome) lindern kann.

Der Zinkleimverband

Außer Kompressionsverbänden und -strümpfen gibt es auch noch den Zinkleimverband, der im Wesentlichen eine entzündungshemmende Wirkung entfaltet. Beim Krampfaderleiden aber wirkt er keinesfalls besser als ein Kompressionsverband mit Textilbinden.

Zinkleimverbände alle zwei Tage erneuern!

Der Zinkleimverband hat sogar noch den Nachteil, durch Austrocknung einen unkontrollierbaren Druck zu erzeugen. Ein Zinkleimverband muss daher, wenn er eine gute Wirkung entfalten soll, unbedingt jeden zweiten Tag erneuert werden.

Die Verödung von Krampfadern

Krampfadern Verödung

Krampfadern können durch Einspritzen eines Mittels in die Vene beseitigt werden. Diese Methode nennt man Verödung. Teilweise lassen sich damit recht gute Erfolge erzielen.

Manchmal müssen Krampfadern entfernt werden. Das geschieht entweder durch Verödung oder durch Operation.

Krampfadern, bei denen eine Verschlimmerung des Leidens zu erwarten ist, müssen unter Umständen beseitigt werden. Dies entscheidet der Arzt nach einer eingehenden Untersuchung. Es gibt dazu zwei verschiedene Methoden: Verödung und Operation.

Bei der ersteren Methode spritzt der Arzt ein Verödungsmittel in die erkrankte Vene. Dieses Mittel zerstört die krankhaft veränderte Veneninnenwand, wodurch die zarten Gefäßhäute miteinander verkleben. Es wird also eine kleine Entzündung gesetzt. Das Blut kann danach nicht mehr durch diese Ader hindurchfließen, und sie wird im Laufe der Zeit in weiches Bindegewebe umgewandelt.

Für die gesunden Venen besteht keine Gefahr

Eine gesunde Vene wird von dem Verödungsmittel nicht angegriffen. Die Gefahr, dass das Verödungsmittel auch die Hauptvenen angreift, ist unter normalen Voraussetzungen nahezu ausgeschlossen.

Je nach Ausdehnung der Krampfadern benötigen solche Verödungen mehrere Sitzungen. In der Regel finden sie im Abstand von jeweils acht Tagen statt.

Die Verödungsmethoden sind unterschiedlich: Am erfolgreichsten sind sie, wenn die Krampfader möglichst blutleer ist, damit das Verödungsmittel einen direkten Kontakt zur Venenwand erhält. Dies geschieht am besten bei hochgelagertem Bein, wodurch die Vene schon von alleine leer läuft.

Vor Beginn, auch bei einer einfachen Verödung, untersucht der Arzt – entweder mit Ultraschall oder mit einer anderen Methode – das tiefe Venensystem, um eine Thrombose auszuschließen.

Untersuchungsmethoden
▷ Seite 50

Nach dem Einspritzen des Verödungsmittels wird über die Einstichstelle ein kleines Zellstoffpolster geklebt. Dieses wird einen Tag lang dort belassen. Das Bein wird jetzt mit einem Kompressionsverband gewickelt oder verklebt, der unterschiedlich lange am Bein verbleiben kann; acht Tage sind jedoch auf jeden Fall völlig ausreichend.

Nach einer Verödung sollte der Patient mit dem angelegten Verband herumlaufen, damit das Verödungsmittel gut verteilt wird. Wenn es möglich ist, soll er da-

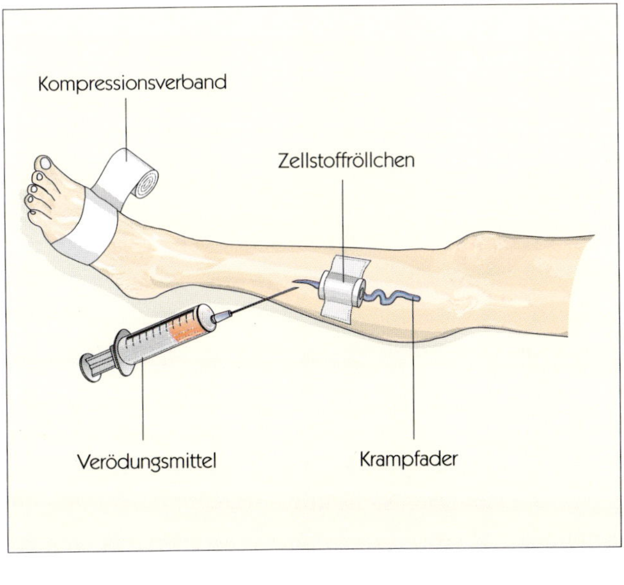

In die Krampfader wird ein Verödungsmittel eingespritzt, und es wird ein Zellstoffpolster über die Einstichstelle geklebt. Anschließend muss der Patient einen Kompressionsverband tragen.

nach dann das Bein hochlegen, damit nicht wieder ein Überdruck in den verödeten Venen entsteht; es soll ja Venenwand an Venenwand kleben. Auf diese Art und Weise erreicht man die besten Ergebnisse.

Ein Nachteil: Es können bräunliche Verfärbungen auftreten

Verödungen sollten stets im Liegen bei hochgelagertem Bein durchgeführt werden; denn die Vene, die verödet wird, sollte möglichst blutleer sein.

Die Verödung ist sicherlich eine elegante Methode zur Beseitigung von Krampfadern. Sie sollten aber wissen, dass durch die Ablagerung von Eisen aus den Blutkörperchen bräunliche Verfärbungen im Verlauf der ehemaligen Krampfadern auftreten können.

Dies passiert in sieben bis acht Prozent der Fälle. Ihr Arzt wird Sie vor einer geplanten Behandlung allerdings darauf hinweisen.

Diese bräunlichen Verfärbungen lassen sich leider nie ganz vermeiden, sie sind jedoch am stärksten, wenn eine Verödung im Stehen ausgeführt wird und die Ader nicht richtig von Blut geleert ist.

Sollte die Krampfader nicht ganz blutleer sein, so bildet sich nach einigen Tagen ein kleines Blutgerinnsel, das der Arzt an dieser Stelle mit einem kleinen Stilett aufstechen und herauspressen kann. Das verschafft Ihnen nicht nur Erleichterung, sondern verhindert auch die unschönen braunen Flecken.

Die zunächst als derbe Stränge tastbaren, verödeten Adern verschwinden nach einigen Wochen; das Gewebe wird wieder weich.

Da sich das Grundübel – die Veranlagung zur Venenschwäche – nicht beseitigen lässt, können verödete Krampfadern nach einiger Zeit wiederkommen, oder es können an anderer Stelle neue Krampfadern entstehen. Eine Verödungsbehandlung lässt sich jedoch auch wiederholen.

Bringt eine Verödung dauerhafte Erfolge?

Vielfach wird geglaubt, dass die Krampfadern nach einer Verödung doch wiederkommen. Dies stimmt aber nur zum Teil.

An einer anderen Stelle können später durchaus neue Krampfadern entstehen, weil sich Ihre Veranlagung dazu ja nicht beseitigen lässt. Wer zu einer Bindegewebsschwäche neigt, wird diese Neigung ein Leben lang behalten und kann der Bildung neuer Krampfadern nur durch eine entsprechende Lebensweise vorbeugen – auf dieses Thema wollen wir im nächsten Kapitel noch näher eingehen. Auch bemüht sich der Körper, ein verschlossenes Gefäß wieder durchgängig zu machen. Da die betroffene Ader nach einer Verödung nicht entfernt wird, können Krampfadern dort selbst nach Jahren wieder neu auftreten.

Aber die Behandlung kann ja jederzeit wiederholt werden. Schließlich gehen Sie auch zum Zahnarzt, obwohl Sie wissen, dass Zähne immer wieder erkranken können. Immerhin hält eine Verödung durchschnittlich mindestens fünf bis sieben Jahre. Darüber hinaus sind mit dieser Methode gute Dauererfolge möglich.

Die Venenverödung ist eine weit verbreitete Methode zur Beseitigung von Krampfadern. Sie ist nahezu gefahr- und schmerzlos und bringt gute Erfolge.

Risiko der Verödung?

Eine Verödungsbehandlung birgt eigentlich kein Risiko. Sie wird ambulant durchgeführt und beeinträchtigt Sie in der Regel nicht in Ihrer Beweglichkeit und Arbeitsfähigkeit. Allergische Reaktionen auf das Verödungsmittel sind extrem selten. Manchmal kann es allerdings zu einer überschießenden Reaktion kommen, das heißt, es wird ein viel größerer Krampfaderabschnitt verödet, als man eigentlich wollte. Das ist aber nicht gefährlich. Die dabei möglicherweise auftretenden Beschwerden lassen sich durch entzündungshemmende Medikamente schnell beheben.

Nur wenn Sie bettlägerig sind, könnte eine Verödung gefährlich werden. Deshalb wird sie in einem solchen Fall nicht gemacht.

Operative Behandlung

Krampfaderoperation

Neben der Verödung gibt es auch noch die Möglichkeit, Krampfadern durch eine Operation zu beseitigen. Welches Verfahren besser ist – Verödung oder Operation –, hängt von der Art und Schwere des Krampfaderleidens ab.

Die dauerhaftesten Erfolge einer Krampfaderbehandlung bringt immer noch die schonende Entfernung der Stammkrampfadern und der Verbindungsvenen. Dieser Eingriff muss bei einer schweren Erkrankung der Stammkrampfadern und der Verbindungsvenen unbedingt durchgeführt werden.

Nur wirklich erkrankte Teile werden entfernt

Aus kosmetischen Gründen wird heute nicht mehr so radikal wie früher auch jeder Seitenast entfernt, sondern die Seitenäste werden später durch eine Verödung beseitigt.

Allerdings beschränkt man sich heute auf die Entfernung wirklich krankhafter Teile. Man entfernt nur die stark aufgedehnten kranken Venen. Die stehen gebliebenen Seitenäste werden anschließend sorgfältig verödet.

Voraussetzung für eine solche Operation ist allerdings, dass die tiefen Venen durchgängig und voll funktionsfähig sind. Dies stellt man vor der Operation durch eine Kontrastmitteluntersuchung fest.

Die Operation erfolgt unter Narkose. Ein stationärer Aufenthalt (drei bis sieben Tage) ist notwendig. Man kann auch beide Beine gleichzeitig operieren.

Zum Entfernen einer erkrankten Vene genügen kleine Schnitte. Anschließend werden alle Wunden durch eine Naht verschlossen, und das Bein wird mit einem Bindenverband versorgt.

In der Regel wird eine solche Krampfaderoperation unter dem Schutz eines gerinnungshemmenden Medikaments (Heparin) durchgeführt, damit sich keine Blutgerinnsel bilden. Die beste Thrombosevorbeugung ist jedoch das frühzeitige Aufstehen.

Allerdings bilden sich durch das totale Abreißen der Venen während der Operation kleinere oder größere Blutergüsse, die nach wenigen Wochen verschwinden.

Auch Verhärtungen neben den Narben und im ehemaligen Bett der Krampfader verschwinden bis spätestens ein Vierteljahr nach der Operation vollständig.

Außerdem können Gefühlsstörungen in kleineren Gebieten unterhalb der Narben auftreten. Das lässt sich nicht ganz vermeiden, weil neben den Venen kleine

In der Regel kann ein krampfaderoperierter Patient bereits am Tag nach dem Eingriff mit einem festen Verband umherlaufen.

Wie groß ist das Risiko einer Operation?

Bei einer Krampfaderoperation kann es zu Komplikationen kommen. Das Operationsrisiko liegt gleich dem Narkoserisiko bei circa 1 : 20 000. Es ist bei allen operativen Eingriffen zunächst einmal gleich hoch. Die gefürchtete Gefahr einer Lungenembolie liegt bei Operationen normalerweise bei 1 : 2000. Wenn Vorsorgemaßnahmen (Embolieprophylaxe und frühzeitige Bewegung nach der Operation) getroffen wurden, sinkt das Risiko auf 1 : 4000.

Relativ groß ist bei Krampfaderpatienten indes die Gefahr einer Thrombosebildung. Sie liegt bei 27 Prozent. Damit steigt für diese Betroffenen auch die Gefahr einer Lungenembolie. Sie liegt bei 10 Prozent. Das hört sich nach viel an, ist es aber nicht: Denn das Risiko, bei einer Krampfaderoperation eine Lungenembolie zu bekommen, ist unvergleichlich kleiner, als wenn die Krampfader nicht entfernt wird.

Die Dauer der Operation ist unterschiedlich. Je nach Ausdehnung der Krampfadern wird ein versierter Operateur etwa 30 Minuten pro Bein benötigen.

Die Nachwirkungen der Operation (Blutergüsse, Verhärtungen, Gefühlsstörungen unterhalb der Narben) verschwinden nach einiger Zeit wieder.

Hautnerven verlaufen, die zwangsläufig überdehnt und zerstört werden.

Diese Nervenstörungen bilden sich jedoch in der Regel innerhalb eines halben Jahres zurück.

Nach einer Krampfaderoperation soll der Patient mindestens vier Wochen lang einen Kompressionsstrumpf der Klasse II tragen und möglichst viel laufen.

Bringt eine Operation dauerhafte Erfolge?

Die Ergebnisse von Krampfaderoperationen sind bei sorgfältiger Operationstechnik sehr gut. In einer Studie waren bei 85 Prozent der Patienten zehn Jahre nach erfolgter Krampfaderoperation noch keine Rezidive (erneute Krampfadern) aufgetreten.

Aber auch hier gilt das Gleiche wie bei jeder Krampfaderbehandlung: Die Bindegewebsschwäche lässt sich nicht beseitigen. Allerdings können einmal entfernte Krampfadern nicht wieder erscheinen. Möglich ist nur die Ausbildung kleiner Seitenäste, die wiederum gut verödet werden können.

Die Gretchenfrage: Soll man operieren oder veröden?

In früheren Zeiten gab es unter den Venenspezialisten die „Veröder“ und die „Operateure“. Beide Gruppen behaupteten jeweils von sich, dass sie die besten Ergebnisse erzielten. Das war insofern falsch, als sich auf beiden Wegen gleich gute Resultate erzielen lassen. Die Methode und ihr Erfolg hängen nämlich im Wesentlichen davon ab, welche Venen erkrankt sind.

Als ideal gilt das kombinierte Behandlungsverfahren: Nach heutiger Ansicht sollten defekte Stammkrampfadern und Verbindungsvenen so ausgedehnt wie möglich operativ behandelt werden. Die noch vorhandenen Seitenäste lassen sich dann später veröden.

Grundsätzlich gilt: Stammkrampfadern müssen operiert werden; die Seitenäste werden anschließend verödet. Bei Besenreisern, die meist ein rein kosmetisches Problem darstellen, reicht eine Verödung aus.

Die Crossektomie

Ein kombiniertes Verfahren ist die Crossektomie.

Wir hatten eingangs gesehen, dass die oberflächlichen Stammvenen oberhalb der Kniekehle und unterhalb des Leistenbandes in das tiefe Venensystem einmünden. Dort, wo die große Rosenvene in die Leiste mündet, kommen noch weitere oberflächliche Seitenäste hinzu. Sie bilden einen Kreuzpunkt, die so genannte Crosse.

Bei der Stammkrampfader ist diese Crosse erweitert, die Einmündungsklappe oder eine oberflächliche Vene ist defekt. Das hat die Konsequenz, dass das Blut in die falsche Richtung fließt - das heißt, das Blut fließt ins Bein zurück.

Verhindert man diesen Rückfluss an der Einmündungsstelle, kann sich die Krampfader nicht mehr so stark mit Blut auffüllen. Dazu bedarf es nur eines geringfügigen chirurgischen Eingriffs, der als Crossektomie bezeichnet wird.

Bei diesem Eingriff setzt der Arzt - der Patient wird dabei nur örtlich betäubt - einen kleinen Schnitt dicht unterhalb des Leistenbandes und unterbindet die defekte (insuffiziente) Stammkrampfader einschließlich aller dort einmündenden Seitenäste nach oben und unten. Dann durchtrennt er sie. Dies hat zur Folge, dass das Blut nun nicht mehr in die Krampfader zurückfließen kann. Die restlichen Krampfadern können zu einem späteren Zeitpunkt noch verödet werden.

Wenn man diesen Eingriff durchführt, kann der Patient nach der Behandlung wieder nach Hause gehen. Die Crossektomie wird meist angewandt, weil entweder der Patient zu alt, nicht narkosefähig ist oder andere Erkrankungen ein Risiko darstellen. Der Dauererfolg ist zwar nicht so hoch wie bei der vollständigen operativen Entfernung der Adern, die Crossektomie hat sich aber besonders bei älteren Patienten bewährt.

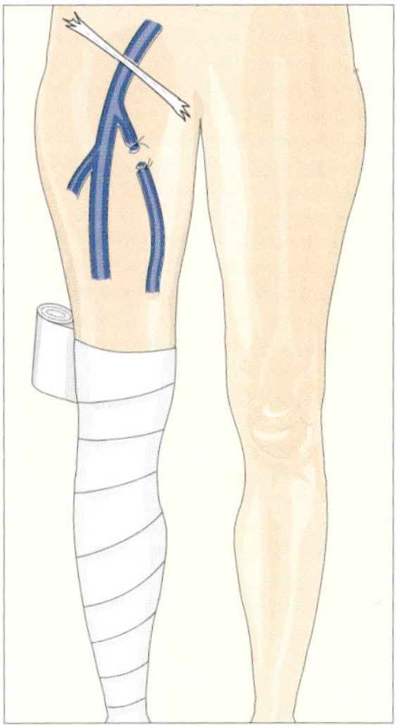

Bei der Crossektomie wird die große Rosenvene an ihrer Einmündungsstelle ins tiefe Venensystem unterbunden und durchtrennt, um einen Blutrückfluss zu verhindern. Restkrampfadern werden später verödet.

Krampfadern in der Schwangerschaft

Schwangerschaft
Antibabypille

Frauen, die zu Krampfadern neigen, sollten während der Schwangerschaft besondere Vorsichtsmaßnahmen treffen. Auch von der Antibabypille ist bei bestimmten Venenleiden abzuraten.

Für eine Frau bedeutet die Schwangerschaft stets ein erhöhtes Risiko, dass sich Krampfadern bilden. Dennoch reicht eine Schwangerschaft allein nicht aus, um Krampfadern entstehen zu lassen; es kommt in der Regel noch eine ererbte Veranlagung hinzu. Sonst wäre nämlich die Tatsache nicht erklärbar, dass fast ebenso viele Männer wie Frauen unter Krampfadern leiden.

Mit „Venenmitteln“ sollte man während der Schwangerschaft vorsichtig sein. Gewisse Medikamente sind strikt verboten! Es gilt hier ganz dringend: keine Selbstmedikation. Reden Sie in jedem Fall mit Ihrem Arzt!

Zu 50 Prozent treten Krampfadern bei der ersten Schwangerschaft auf, zu weiteren 30 Prozent erstmals nach der zweiten Geburt. Kommt es zu weiteren Schwangerschaften, so treten nicht wesentlich mehr Krampfadern auf als vor den ersten beiden Geburten. Allerdings können sich einmal vorhandene Krampfadern bei jeder Schwangerschaft verstärken.

Warum kann eine Schwangerschaft Krampfadern begünstigen?

In der Schwangerschaft wird 50-mal mehr Progesteron (ein Schwangerschaftshormon) ausgeschüttet als normalerweise. Dieses Hormon wirkt entspannend auf die Venenwand. Hinzu kommt, dass in den letzten Schwangerschaftsmonaten das Baby im Mutterleib auf die Beckenvenen drückt. Das sind „ideale“ Voraussetzungen für die Entstehung von Krampfadern.

Die Schwangerschaftsstreifen, die man nach der Geburt bei vielen Frauen am Bauch und an den Oberschenkeln sehen kann, sind ebenfalls eine Folge von solchen Bindegewebsveränderungen. Nähere Untersuchungen haben klar gezeigt, dass sich bei 82 Prozent der Frauen mit solchen Schwangerschaftsstreifen auch Krampfadern bilden.

Rückbildungen sind möglich

Allerdings ist es möglich, dass Krampfadern, die während der Schwangerschaft auftreten, sich nach der Geburt wieder zurückbilden, da sich die Spannung der Venen dann wieder verbessert. Dies liegt daran, dass die entspannende Wirkung des Schwangerschaftshormons entfällt und der Körper ja nun auch durch das Baby nicht mehr belastet wird.

Wenn hauptsächlich gegen Ende der Schwangerschaft bei Krampfaderleiden Beinschwellungen auftreten, verschwinden diese nach der Entbindung meistens schnell wieder, weil die Belastung der mütterlichen Venen durch das Baby entfällt.

Wenn Sie also vor einer Schwangerschaft keine Krampfadern hatten, können Sie relativ beruhigt sein. Hatten Sie allerdings bereits vor der Schwangerschaft Stammkrampfadern mit funktionsunfähigen Klappen, so bilden sich diese nach der Schwangerschaft nicht mehr von allein zurück. Das Leiden kann durch eine Schwangerschaft sogar verstärkt werden. Hinzu kommt die Gefahr von Komplikationen im Wochenbett: Eine hohe Zahl von Venenentzündungen und Thrombosen entsteht nämlich dort.

Schwangerschaft und Krampfaderneigung – was ist zu tun?

Krampfadern sollten möglichst nicht während der Schwangerschaft verödet oder operiert werden. Lieber vorbeugend schon vor der ersten Schwangerschaft behandeln lassen!

Die beste Vorbeugung ist das Tragen eines Kompressionsstrumpfes während der ganzen Schwangerschaft, so lästig das auch sein mag.

Außerdem sollte die Schwangere so viel wie möglich laufen und langes Sitzen und Stehen vermeiden, zumindest in der Zeit, in der sich das werdende Kind schon

Besonders im letzten Drittel der Schwangerschft übt das Baby einen großen Druck auf die Beckenvenen aus, was zu Krampfadern führen kann. In dieser Zeit heißt es: viel laufen, wenig stehen und sitzen!

deutlich bemerkbar macht und auf die Venen drücken kann. Häufige Arztbesuche - eventuell auch beim Spezialisten zur Beurteilung der Krampfadern - sind sicherlich nicht falsch, denn gelegentliche Verödungen, im Notfall auch eine Operation, lassen sich auch während der Schwangerschaft durchführen.

Etwa ein Vierteljahr nach der Geburt sollten die Krampfadern untersucht und auf jeden Fall vor einer nächsten Schwangerschaft behandelt werden.

Krampfadern und Antibabypille

Viele Frauen fürchten, dass sie Krampfadern bekommen, wenn sie die Pille nehmen. Denn die Pille enthält Schwangerschaftshormone, die dem Körper eine Schwangerschaft vortäuschen. Jedoch sind diese Hormone heute so gering dosiert, dass sie wenig Einfluss auf eventuelle Neubildungen von Krampfadern haben. Immerhin aber führt die Pille bei elf Prozent der Frauen mit Krampfadern zu verstärkten Schmerzen in den Beinen; und auch bei Frauen mit schweren Stammkrampfaderleiden ist die Pille nicht unbedingt zu empfehlen.

Bei einer Neigung zu Venenentzündungen oder Thrombosen darf die Pille keinesfalls genommen werden, da sie das Risiko einer Thromboembolie um etwa das Sechsfache erhöht.

Außerdem sollte die Pille wenigstens eine Periode vor und eine bis zwei Perioden nach einer Krampfaderoperation nicht genommen werden - was eigentlich für alle geplanten operativen Eingriffe gilt -, weil sie die Gerinnungsfähigkeit des Blutes erhöht und somit bei jeder Operation die Gefahr einer Thrombosebildung gegeben ist.

Wie lassen sich Krampfaderbrüche behandeln?

Krampfader-bruch Behandlung

Nicht immer müssen Krampfaderbrüche behandelt werden. Oft führen sie jedoch zu Schmerzen, Potenzstörungen oder Unfruchtbarkeit. In solchen Fällen muss man operieren.

Ein Krampfaderbruch kann erblich bedingt oder das Symptom einer anderen Erkrankung sein, und er muss nicht in jedem Fall behandelt werden. Wichtig ist zunächst nur, dass Sie ihn untersuchen lassen.

Die zwei Arten von Krampfaderbrüchen:
- anlagebedingte Krampfaderbrüche
- symptomatische Krampfaderbrüche (Symptome einer anderen Krankheit)

Wenn ein **anlagebedingter Krampfaderbruch** wegen Schmerzen oder Unfruchtbarkeit und Kinderwunsch behandelt werden muss, so geschieht dies operativ. Viele Männer fürchten sich davor. Die Angst ist jedoch unbegründet, weil es sich hierbei nur um einen kleinen chirurgischen Eingriff am Hoden handelt und das Risiko denkbar gering ist. Dabei wird unter Narkose nach einem Schnitt die betroffene Vene so hoch wie möglich unterbunden. Noch besser ist die Verödung dieser Vene über einen Katheter.

Nach dem Eingriff verschwinden die Beschwerden meist innerhalb von zwei bis drei Monaten.

Bei symptomatischen Krampfaderbrüchen immer die ursächliche Krankheit behandeln!

Bei **symptomatischen Krampfaderbrüchen** muss dagegen immer die zugrunde liegende Ursache behandelt werden. Wenn Verdacht auf einen Nierentumor besteht, wird Ihr Arzt Sie sicherheitshalber an einen Spezialisten überweisen. Sollte dieser einen Tumor feststellen, wird er Sie eingehend beraten, was zu tun ist.

Viel Bewegung bei Venenentzündungen

Venen-
entzündung
Behandlung

Eine Entzündung der oberflächlichen Venen ist nicht gefährlich. Es können aber auch die tiefen Venen in Mitleidenschaft gezogen sein, und dann besteht Thrombosegefahr. Deshalb muss man bei Venenentzündungen unbedingt zum Arzt!

Behandlung von Venenentzündungen: Bewegung (keine Bettruhe!), Kompressionsverband, evtl. schmerzlindernde und entzündungshemmende Medikamente, evtl. Operation

Eine Venenentzündung erkennt der Arzt in der Regel verhältnismäßig leicht: Die rot entzündeten, heißen und schmerzenden Aderstränge sind für ihn ein eindeutiges Symptom.

Schwieriger kann sich hingegen die Diagnose erweisen, ob sich die Erkrankung zunächst nur im oberflächlichen Venensystem abspielt – von hier nimmt sie als so genannte Phlebitis meistens ihren Anfang – oder ob bereits das tiefe Venensystem in Mitleidenschaft gezogen worden ist.

Hinweise auf eine Mitbeteiligung der tiefen Venen können zunehmende Schmerzen, eine Schwellung des ganzen Beines, Schmerzen in der Wade beim Heben des Fußes oder eine pralle Spannung der Wadenmuskulatur sein.

Die endgültige Diagnose lässt sich nur mit Hilfe einer Röntgenuntersuchung stellen, bei der man ein Kontrastmittel in die Blutbahn spritzt.

Vier Behandlungsmethoden

Als erstes Prinzip gilt heute: *keine* Bettruhe. Würde der Patient für längere Zeit im Bett liegen bleiben, so bestünde die große Gefahr einer Blutgerinnselbildung. So könnte sich nämlich aus einer an sich harmlosen Entzündung eine Krankheit mit schwerwiegenden Folgen entwickeln.

Eine solche Thrombose lässt sich fast mit Sicherheit vermeiden, wenn Sie sich bewegen. Laufen Sie viel, auch wenn es Ihnen Schmerzen bereitet!

Zweitens wird der Arzt Ihnen einen festen Kompressionsverband verschreiben, den Sie unbedingt so lange tragen müssen, wie er es verordnet hat. Tun Sie dies, auch wenn es unangenehm und lästig ist.

Drittens kann der Arzt Ihnen schmerzlindernde und entzündungshemmende Medikamente - beispielsweise Salben - verschreiben.

Viertens lassen sich - falls nötig - Venenentzündungen auch operativ behandeln: Durch kleine Stiche über der verhärteten, angeschwollenen Krampfader kann der Arzt Blutgerinnsel herausdrücken, was die Abheilung beschleunigt.

Bei häufigeren Venenentzündungen können die Ursachen in ganz anderen Erkrankungen liegen. Weil dafür unter anderem auch Geschwülste verantwortlich sein können, ist ein Arztbesuch dringend notwendig.

Gute Heilungsaussichten

Wenn Sie sich strikt an die Anweisungen Ihres Arztes halten und vor allem das Bettruheverbot einhalten, heilt eine Venenentzündung relativ rasch ab. Auch besteht dann kaum das Risiko einer Lungenembolie.

Wenn Sie eine oberflächliche Venenentzündung überstanden haben, kommt es nicht zu Folgeschäden wie nach einer Thrombose. Um aber die Gefahr eines Rückfalls zu vermeiden, sollten Sie nach der Gesundung unbedingt die Krampfadern behandeln lassen.

Bei der springenden Venenentzündung - einer Venenentzündung, die in kurzen Zeitabständen an verschiedenen Stellen auftritt - ist eine allgemeine internistische Untersuchung ratsam, denn sie ist in der Regel ein Symptom venenunabhängiger Allgemeinerkrankungen.

Unter ärztlicher Kontrolle heilen oberflächliche Venenentzündungen zumeist rasch ab und verursachen keine Spätfolgen. Eine Venenentzündung ist voll heilbar.

Die tiefe Venenthrombose: Früherkennung ist wichtig

Tiefe Venenthrombose Behandlung

Die Behandlung der Thrombose richtet sich vor allem danach, wann Sie zum Arzt kommen. Und hier gilt nur eine Regel: Je früher, desto besser!

Eine Thrombose ist nicht immer leicht und sofort zu erkennen. Alarmsignale sind: heftiger Schmerz in der Wade bis zur Leiste, meist auch Anschwellen des Beins, Druckempfindlichkeit der Wadenmuskulatur, Spannung im ganzen Bein, Fieber.

Die meisten tiefen Venenthrombosen kommen leider zu spät in Spezialbehandlung. Dabei ließe sich durch die Möglichkeiten der modernen Medizin das „postthrombotische Syndrom" – die chronische Spätfolge einer Thrombose – fast immer vermeiden.

In den ersten zwölf bis 24 Stunden nach Auftreten der Symptome kann eine Thrombose noch zur Abheilung gebracht werden. Alle Maßnahmen, die später durchgeführt werden, können das Krankheitsbild zwar noch bessern, aber nicht mehr heilen.

Zur Behandlung gibt es zwei Möglichkeiten:

- Behandlung mit thromboseauflösenden Medikamenten,
- Operation.

Thromboseauflösende Medikamente können helfen

Eine Röntgenaufnahme mit Kontrastmittel bringt den sichtbaren Beweis einer Thrombose.

Wenn die Thrombose frühzeitig erkannt wird, bestehen noch gute und schmerzlose Behandlungsmöglichkeiten und ebenso gute Heilungsaussichten: Das frische und noch nicht fest mit der Venenwand verbundene Blutgerinnsel lässt sich nämlich durch ein spezielles Medikament auflösen oder – wie der Arzt sagt – lysieren.

Der Arzt leitet daher im Frühstadium einer Thrombose zunächst eine so genannte thrombolytische (das heißt Gerinnsel auflösende) Behandlung ein.

Das Medikament, das für diese Behandlung verwendet wird, enthält einen Wirkstoff, den man pharmazeutisch aus bestimmten Bakterien (Streptokokken) gewinnt. Der Wirkstoff, der deshalb den Namen Streptokinase erhalten hat, besitzt die Eigenschaft, frisch geronnenes Blut wieder aufzulösen.

Durch Einführung eines kleinen Gummischlauches (Katheter) kann der Arzt in geeigneten Fällen das Gerinnsel auflösende Medikament sogar bis an den Ort der Thrombose heranführen, um den Prozess zu beschleunigen. Nach ein paar Stunden kann er mit Hilfe einer Röntgendiagnose schnell sehen, inwieweit das Medikament wirkt. Im Idealfall löst sich die Thrombose völlig auf, ohne dass die zarten Venenwände und die wichtigen Venenklappen dabei Schaden nehmen.

Ständige ärztliche Kontrolle ist nötig

Wenn diese Behandlung Erfolg hatte, müssen Sie einige Monate lang ein gerinnungshemmendes Medikament (Marcumar, Heparin) einnehmen. Diese Medikamente dürfen Sie nur unter ständiger ärztlicher Kontrolle einnehmen. Außerdem stellt der Arzt Ihnen einen Ausweis aus, den Sie stets bei Ihren persönlichen Papieren tragen sollten, damit bei einem Unfall oder einer Erkrankung der behandelnde Arzt eventuell sofort Gegenmaßnahmen einleiten kann. Denn bei einem Unfall oder einer Verletzung kann es natürlich gefährlich werden, wenn die Gerinnungsfähigkeit Ihres Blutes verringert ist, weil Wunden dann wesentlich schlechter abheilen und Blutungen schwerer zum Stillstand kommen!

Wenn der Arzt Ihnen einen Marcumar-Ausweis ausstellt, sollten Sie ihn immer bei sich tragen!

Chirurgische Behandlung

Lungenembolie ▷ Seite 34

Eine Frühbehandlung von Thrombosen ist aber auch chirurgisch möglich. Dabei wird in der Leiste ein kleiner Schnitt angelegt und das geronnene Blut aus der Beckenvene entfernt. Dies erfolgt in der Regel mit einem speziellen Ballonkatheter.

Blutgerinnsel in den Beinvenen müssen durch Pressen und Drücken und Anlegen einer starken Kompression herausgedrückt werden.

Trotzdem gelingt es nicht immer, alle Blutgerinnsel aus den tiefen Venen zu entfernen, da sich nur bestimmte Thromboseformen für diese Operationsart eignen.

Auch nach der Operation ist eine Langzeitbehandlung mit Marcumar erforderlich.

Tiefe Venenthrombose ▷ Seite 32

Die frühzeitige Behandlung der tiefen Thrombose kann also wieder normale Verhältnisse in den Venen herstellen und damit die Krankheit heilen. Die gefährlichste Komplikation ist die Lungenembolie. Deshalb ist bei der tiefen Thrombose im Gegensatz zur oberflächlichen Venenentzündung *strengste Bettruhe* notwendig.

Bei Operationen gibt es Vorbeugungsmöglichkeiten!

Bei Menschen, die – etwa wegen einer Operation – längere Zeit bettlägerig sind, ist das Thromboserisiko am größten. Deshalb wird heute in der modernen Chirurgie eine so genannte Thromboseprophylaxe vorgenommen, und zwar nicht nur mit Medikamenten, sondern auch mit Kompressionsverbänden oder so genannten Antithrombosestrümpfen. Die Verbände und Strümpfe sollen von außen her die im Liegen fehlende Muskelpumpe ersetzen und einer Blutstauung entgegenwirken.

Zu spät erkannte Thrombose: ein Problemfall

Zu spät erkannte Thrombose

Eine zu spät erkannte Thrombose lässt sich leider nicht mehr vollständig heilen. Alle medizinischen Maßnahmen können hier nur noch Linderung verschaffen und einer Verschlechterung entgegenwirken.

Kommt ein Patient mit einer tiefen Beinvenenthrombose erst nach einigen Wochen in Behandlung (zum Beispiel, weil diese nicht rechtzeitig erkannt wurde), so ist eine vollständige Abheilung nicht mehr möglich.

Das im Anfangsstadium noch locker ansitzende Blutgerinnsel ist im Laufe der Zeit mit der Venenwand völlig verbacken und durch Einlagerung verschiedener anderer Zellen verhärtet. So ist es jetzt zum Bindegewebe umgewandelt.

Heilung ist nicht mehr möglich

In den ersten vierzehn Tagen bis spätestens vier Wochen nach Eintritt einer Thrombose kann auch hier noch die Behandlung mit einem thromboseauflösenden Medikament (Streptokinase) versucht werden.

Allerdings lässt sich das Gerinnsel dadurch aber leider nicht mehr auflösen. Es ist nur möglich, eventuell darauf aufgepfropfte, noch frische Blutgerinnsel medikamentös zu lösen. Damit besteht eine gewisse Chance, dass zumindest Teile der verschlossenen Venen doch noch geöffnet werden können.

Es gibt bis heute leider keine Möglichkeiten, das postthrombotische Syndrom zu heilen. Alle ärztlichen Bemühungen können sich nur darauf richten, die bestehenden Leiden einzudämmen und in Grenzen zu halten. Als Trost bleibt für den Betroffenen nur: Man kann damit leben lernen.

Alle weiteren Maßnahmen, die dann noch möglich sind, können praktisch nur noch das Fortschreiten der tiefen Thrombose verhindern und damit weitere schwere Schädigungen vermeiden.

Wenn die Thrombose noch nicht älter als ein Vierteljahr ist, wird Ihnen der Arzt über den Zeitraum von mindestens einem Jahr ein gerinnungshemmendes Medikament verordnen, um jeglicher Entstehung eines neuen Blutgerinnsels wirkungsvoll vorzubeugen.

Außerdem stehen dem Arzt noch verschiedene andere Behandlungsformen zur Verfügung, die zumindest die Schmerzen lindern und eine Verschlimmerung des Leidens vermeiden helfen.

Kann eine chirurgische Behandlung helfen?

Ein wieder herstellender chirurgischer Eingriff ist nur dann sinnvoll, wenn nicht alle Venen verschlossen sind, sondern nur Teilabschnitte. Hier besteht am ehesten die Möglichkeit, einen solchen Verschluss mit chirurgischen Maßnahmen zu überbrücken.

Die besten Überbrückungssituationen ergeben sich im Beckenbereich. Voraussetzung ist aber, dass das darunterliegende tiefe Venensystem im ganzen Bein noch funktioniert.

Das Hauptproblem der gesamten operativen Maßnahmen besteht jedoch darin, dass man die zarten Venenklappen nicht ersetzen kann und damit die paternosterartige Rückführung des Blutes herzwärts nicht ermöglicht wird.

Die Umgehung eines verschlossenen Venenabschnittes ist mit modernen chirurgischen Techniken heutzutage zwar kein Problem mehr, aber diese so genannte klappenlose Prothese ist nicht in der Lage, die Funktion der Venen selbst wesentlich zu verbessern und damit eine dauerhafte Lösung des Problems herbeizuführen.

Behandlung mit Kompressionsstrümpfen und Medikamenten

Es bleibt also nur die Möglichkeit, durch verschiedene Maßnahmen das Zustandsbild zu verbessern oder zumindest dafür zu sorgen, dass es sich nicht mehr verschlimmert.

Eine solche Behandlung zielt auf die Verbesserung der Abflussmöglichkeiten des Blutes aus den Venen und damit auf die Entstauung des Beines.

Wesentliche Bestandteile dieser Behandlung sind der Kompressionsverband und der Kompressionsstrumpf.

Ein Kompressionsstrumpf muss bei diesem Leiden dauernd getragen werden. Dabei sollten Sie seine Festigkeit und Passform von Zeit zu Zeit von Ihrem Arzt überprüfen lassen.

Die Kompressionsstrümpfe müssen ständig getragen werden. Festigkeit und Passform hin und wieder vom Arzt kontrollieren lassen!

Medikamente als Hilfe

Zusätzlich kann der Arzt Ihnen Medikamente zur Linderung verschreiben.

Ihr Arzt wird dies allerdings nicht als Dauerbehandlung tun, in gewissen Abständen sind Medikamente aber durchaus angebracht.

Venenmedikamente wirken in der Regel so, dass sie den Blutabfluss in den Venen verbessern und das angesammelte Wasser ausschwemmen.

Medikamente verbessern den Blutfluss in den Venen und schwemmen das Wasser aus.

Der Arzt wird Ihnen eine sinnvolle Tagesdosis nennen, denn es ist wichtig, nicht zu niedrig zu dosieren. Entwässernde Medikamente dürfen nur unter ärztlicher Kontrolle und nicht über einen längeren Zeitraum hinweg eingenommen werden.

Die ständigen Flüssigkeitsansammlungen haben nach längerer Zeit zusätzlich Ab- und Einlagerungen von Eiweißstoffen zur Folge. Dadurch entstehen Verhärtungen im Fettgewebe, die sich letztendlich nicht mehr beseitigen lassen.

Eine Dauerbehandlung mit einem gerinnungshemmenden Medikament (Marcumar) ist beim postthrombotischen Syndrom nicht erforderlich. Ihr Arzt wird es Ihnen höchstens dann verordnen, wenn bei Ihnen ständig neue Thromboseschübe zu erwarten sind.

Durch die Thrombose sind auch die danebenliegenden Lymphgefäße betroffen. Ein Übergreifen, eine Verhärtung, eine Entzündung sowie ein Verschluss dieser Lymphwege ist bei der Thrombose praktisch unvermeidlich. Deshalb gehört auch die manuelle Lymphdrainage zu den möglichen und durchaus aussichtsreichen Behandlungsmethoden.

Die Lymphdrainage ist eine Massage zur Förderung des Lymphabflusses aus dem Gewebe. Dadurch werden Wasseransammlungen beseitigt.

Die Lymphdrainage ist eine ganz sanfte, streichelnde, geringfügig drückende Anwendung mit zum Teil kreisenden Bewegungen der Hände, die die Lymphwege vom Kopf bis zu den Beinen anregen soll, schneller zu arbeiten. Es gibt Spezialpraxen, die Lymphdrainagen durchführen.

Was besonders wichtig ist: viel Bewegung und Massagen!

Um eine Entstauung des Beins zu erreichen, sollten Sie sich öfters hinlegen und Ihre Beine hochlegen. Weiter empfehlenswert ist, dass Sie möglichst viel laufen und ausdauernd schwimmen. Diese Maßnahmen lassen sich sinnvoll durch Druck- und Massagebehandlungen unterstützen.

Sehr positiv wirkt sich auch die Behandlung mit kaltem Wasser aus, sei es durch Wassergüsse oder durch Wassertreten wie bei der Kneippschen Anwendung. Man kann zum Beispiel in die Badewanne etwas kaltes Wasser einlassen und dann in der Badewanne hin- und hergehen.

Jeder, der Venenschmerzen hat – insbesondere dann, wenn ein postthrombotisches Syndrom vorliegt – sollte häufiger am Tag, insbesondere aber vor dem Schlafengehen, kalte Duschen anwenden. In der Sommerhitze empfiehlt es sich, die Beine mit Eisbeuteln zu kühlen und sie so oft wie möglich hochzulegen. Zu empfehlen ist auch die Elektrotherapie: Sie führt ebenfalls zu einer deutlichen Entstauung.

Wenn Sie diese verschiedenen Behandlungsmöglichkeiten miteinander kombinieren, können Sie verhindern, dass Ihre Venenerkrankung fortschreitet. Und vergessen Sie nicht: Unumgänglich sind die regelmäßigen Kontrollbesuche bei Ihrem Arzt.

Erna H., 48 Jahre, leidet unter dem postthrombotischen Syndrom:

Obwohl Erna H. zu Venenentzündungen und Thrombosen neigte, nahm sie gegen den Rat ihres Arztes weiterhin zur Verhütung die Pille. Sie hörte auch nicht auf ihn, als er ihr empfahl, sich als Ausgleich für ihren stehenden Beruf viel zu bewegen. Denn ihre Krampfadern, unter denen sie schon sehr lange litt, empfand sie nur als unschön – dass sie auch gefährlich werden könnten, wollte sie nicht glauben.

Nach jahrelanger Pilleneinnahme – und dies sogar ohne jede Pause – war es dann so weit: Ihr Krampfaderleiden verschlimmerte sich drastisch. Ständig schwere, geschwollene Beine und Geschwüre am Unterschenkel, die nicht heilen wollten, machten ihr das Leben langsam, aber sicher zur Hölle. Der Arzt stellte eine bislang nicht erkannte Thrombose in einer der tiefen Beinvenen fest. Das Blutgerinnsel konnte leider nicht mehr aufgelöst werden, dazu war es zu diesem Zeitpunkt zu spät.

Frau H. wird nun ihr Leben lang einen Kompressionsstrumpf tragen und auch sonst ihr Leben auf das Venenleiden einstellen müssen: regelmäßige Arztbesuche, häufiges Hochlegen der Beine, viel Gymnastik und kalte Güsse.

Durch rechtzeitige vorbeugende Maßnahmen, vor allem viel Bewegung und ein Absetzen der Antibabypille, hätte sich das verhindern lassen.

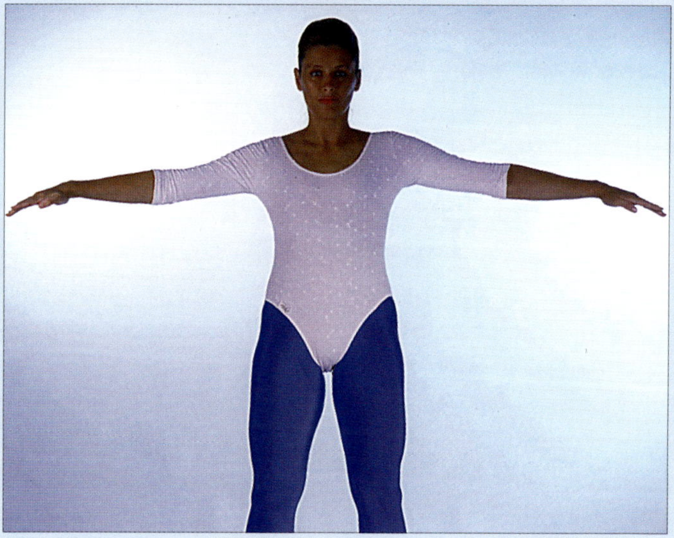

Was kann ich selbst gegen Venenleiden machen?

Wenn sich ein Venenleiden eingestellt hat, so ist damit für Sie keineswegs alles verloren. Neben ärztlicher Behandlung, die in manchen Fällen regelmäßig notwendig werden kann, können Sie auch sehr viel für sich selber tun. Dies ist sogar ganz wichtig! Denn wenn die Bemühungen des Arztes erfolgreich sein sollen, ist er auf Ihre unterstützende Mitwirkung dringend angewiesen. Auf den Folgeseiten erfahren Sie, wie Sie Ihr künftiges Leben gestalten und was Sie für Ihre Gesundheit tun können.

Richtige Lebensweise *90*

Venengymnastik *102*

Sport *92*

Gymnastik für Bettlägerige *106*

Kneippsche Wasseranwendungen *110*

Venen-Walking *94*

Übungen nach dem Aufstehen *108*

Kompressionsverband und -strumpf *114*

Den Alltag bewältigen lernen

Richtige Lebensweise

Selbst mit unheilbaren, chronischen Venenerkrankungen kann man leben. Man muss sich allerdings an ein paar Grundsätze halten.

Wir hatten in den vorangegangenen Kapiteln gesehen, dass sich bestimmte Venenerkrankungen nicht mehr völlig heilen lassen. Damit müssen Sie leben lernen. Hier einige Tips, was Sie tun oder lassen sollten, um Ihren Alltag angenehmer und bewusster zu gestalten.

Was Sie tun sollten

- Laufen Sie so viel wie möglich an der frischen Luft, und zwar nicht im gemächlichen Spaziergang, sondern strammen Schrittes! Denn durch das Laufen wird die Muskelpumpe intensiv betätigt und der Rückfluss des Blutes aus den Venen erleichtert.
- Legen Sie die Beine hoch. Das entstaut und fördert den Blutzufluss zum Herzen. Bei Schweregefühl in den Beinen legen Sie sich auf den Boden und halten Ihre Beine einige Minuten an der Wand hoch.
- Schlafen Sie nachts mit einem um etwa 15 cm erhöhten Fußende. Das Kopfende sollte waagerecht sein.
- Wenn ein Steh- oder Sitzberuf nicht aufgegeben werden kann, sollten Sie wenigstens so oft wie möglich die Wadenmuskulatur anstrengen. Dies kann durch mehrfache Zehenstände oder durch gelegentliches Umhergehen bereits ausreichend geschehen.
- Tragen Sie bequeme, feste Schuhe mit flachen Absätzen. Schuhe mit hohen Absätzen behindern den Blut-

Die Angewohnheit der Amerikaner, die Beine auf den Schreibtisch zu legen, ist gar nicht so falsch!

Die beste Vorbeugung ist richtige Ernährung und viel Bewegung, statt Stehen und Sitzen lieber Liegen und Laufen. Eigentlich ganz einfach!

rückfluss in den Venen und verringern die Belastbarkeit der Beinmuskulatur.

▶ Sorgen Sie, wenn irgend möglich, für normalen Stuhlgang. Das muss nicht immer gleich durch Abführmittel geschehen. In der Regel genügt eine ausgewogene Ernährung mit vielen Ballaststoffen. Denn das starke Pressen zum Stuhlgang ist ein ganz wesentlicher Faktor der Krampfaderentstehung!

▶ Gehen Sie regelmäßig zum Arzt, und lassen Sie dabei auch Ihr Herz kontrollieren. Denn eine normale Herzfunktion ist wichtig für den venösen Rückfluss.

Verstopfung fördert Venenleiden! Eine ausgewogene Ernährung ist das beste Mittel dagegen. Wenn Sie allerdings trotz gesunder Ernährung ständig unter Verstopfung leiden, sprechen Sie mit Ihrem Apotheker oder Arzt.

Was Sie lassen sollten

▶ Machen Sie keine Bürstenmassage an den Beinen. Diese Massageart ist zwar sehr beliebt, sie lockt aber ganz besonders die Besenreiser hervor.

▶ Verzichten Sie auf zu starke Hitzeeinwirkungen, besonders auf die Sonnenbestrahlung in der Mittagszeit, aber auch auf zu heiße Bäder. In der Hitze werden die Blutgefäße erweitert, so auch die Hautvenen. Bei Krampfadern macht die Sauna hier eine Ausnahme. Sie fördert das Krampfaderleiden nicht unbedingt, weil nach der Hitzeanwendung eine sehr intensive Abkühlung erfolgt.

▶ Vermeiden Sie jedes Übergewicht, denn jedes Kilo lastet auf den Beinen und stört den Abfluss des Blutes aus den Venen.

▶ Falls Sie Raucher sind, sollten Sie das Rauchen schnellstens aufgeben!

▶ Schlecht ist auch das ständige Sitzen mit abgewinkelten Beinen, weil die Blutgefäße ebenfalls abgeknickt werden und der venöse Abfluss behindert wird. Noch schlimmer sind langes Sitzen mit übereinander geschlagenen Beinen oder stundenlange Autofahrten. Alle zwei Stunden sollten Sie beim Autofahren eine Pause einlegen und sich dabei die Beine gründlich vertreten.

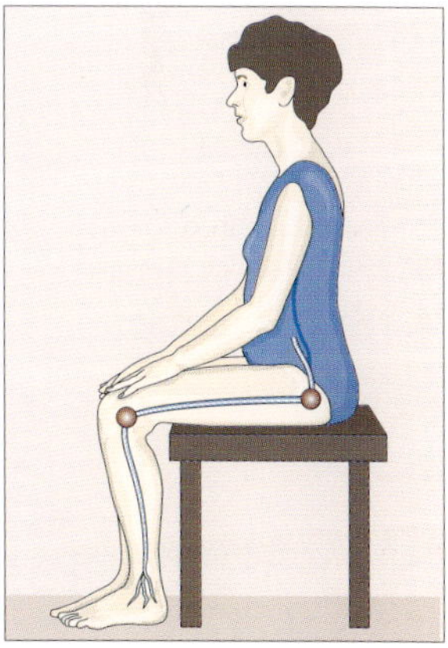

Im Sitzen wird die Kniekehlen- und die Beckenvene abgeknickt. Der Rückfluss des Blutes zum Herzen ist dadurch behindert.

Aktive Freizeitgestaltung

Sport

Wenn Sie anfällig für Venenleiden oder gar bereits chronisch erkrankt sind, sollten Sie Ihre Freizeit möglichst aktiv gestalten. Dabei empfiehlt sich eine regelmäßige sportliche Betätigung wie Spazierengehen und Laufen.

Für Venenkranke eignen sich nur solche Sportarten, die das Venensystem nicht stärker belasten. Für junge Menschen heißt das, dass eine gewählte Sportart nicht als Leistungs- oder gar Hochleistungssport betrieben werden soll.

Sportliche Aktivitäten, bei denen die Muskelpumpe betätigt wird, fördern den Rückfluss des Blutes zum Herzen. Bewegungsarmut ist Gift für Venenkranke. Deshalb sollte, wer vielleicht schon in seinem Beruf gezwungen ist, den ganzen Tag zu sitzen oder zu stehen, zum Ausgleich wenigstens in seiner Freizeit einer sportlichen Betätigung nachgehen.

Welche Sportarten eignen sich?

Zu den Sportarten, die die Beinmuskulatur kräftigen und den venösen Rückfluss fördern, gehört vor allem das Schwimmen. Es darf für Venenkranke generell wohl als die gesündeste Sportart überhaupt betrachtet werden. Der Druck des Wassers entlastet die Beine und damit auch die Venen. Außerdem wirken sich die Muskeltätigkeit und das gegenüber der Körper- und Außentemperatur meist kühlere Wasser positiv auf die Venen aus. Denn bei Kälte ziehen sich die Venen zusammen! Bei krankhaft erweiterten Venen ist dies natürlich ein sehr günstiger Effekt.

Nicht minder wirksam können gymnastische Übungen, auf die wir auf den nächsten Seiten noch näher eingehen, und das Wandern sein. Bei einem Urlaub am Meer empfehlen sich außerdem Wanderungen im flachen Wasser der Spülsaumzonen von Stränden.

Förderlich ist auch das Radfahren, das zu einer Entstauung der Beine führt. Wählen Sie für Radfahrten ebene Strecken, treten Sie mit den Fußballen auf die Pedale, und halten Sie den Oberkörper aufrecht, um Venenstauungen im Becken- und Hüftbereich zu vermeiden.

Für Wintersportbegeisterte ist der Skilanglauf oder für ältere Menschen das Skiwandern eine gute Alternative zum Radfahren. Und wer gerne tanzt, soll auch das ausgiebig tun, wenn es der Arzt nicht ausdrücklich untersagt hat. Dabei sollten sich Venenkranke aber auf die so genannten Bewegungstänze (zum Beispiel Walzer, Tango, Foxtrott, auch langsame, moderne Discotänze), bei denen Sprünge und andere akrobatische Einlagen nicht vorgesehen sind, beschränken.

Welche Sportarten eignen sich nicht?

Verzichten sollten Sie hingegen auf alle Sportarten, bei denen es durch massiven oder übereifrigen Körpereinsatz zu Belastungen des Venensystems oder zu Verletzungen kommen kann. Dazu gehört der überaus beliebte Fußball genauso wie das Handballspiel. Das Unfallrisiko ist hier sehr hoch, und bereits leichtere Verletzungen wie Prellungen oder Stauchungen, Verletzungen der Fuß- und Kniegelenke oder Knochenbrüche können zu Venenentzündungen und Thrombosen führen. Das Gleiche gilt selbstverständlich auch für andere körpereinsatzbetonte Sportarten, wie etwa die rasanten Formen des Skilaufs (Slalom, Abfahrt), bei denen erheblicher Druck auf die Beinvenen ausgeübt wird.

Verzichten Sie auf Sportarten, die mit intensivem Körpereinsatz verbunden sind (Belastung des Venensystems) oder bei denen ein großes Verletzungsrisiko besteht (Thrombosegefahr)!

Schließlich muss Venenkranken auch von gewissen sitzenden Sportarten wie Kanufahren oder vom Autosport abgeraten werden, weil zu langes, beengtes Sitzen den Venenrückfluss behindert.

Venen-Walking: der ideale Sport

Venen-Walking

Für Venenkranke wurde eine spezielle Art des Laufens entwickelt, die genau auf ihre Probleme abgestimmt ist: „Venen-Walking" – schneller als Spazierengehen und langsamer als Joggen. Ein Training, das Ihr Leiden langfristig verbessert.

Der ideale Sport zur Vorbeugung und Behandlung von Venenschwäche ist „Venen-Walking" - eine Art des Gehens, die sich in den USA mittlerweile schon zu einem Lieblingssport entwickelt hat.

Was ist Venen-Walking?

Venen-Walking bedeutet Gehen in einer bestimmten Körperhaltung und einem individuell auf die Kondition des Läufers abgestimmten Tempo.

Wichtig: Füße vom Boden abheben. Nicht mit der ganzen Sohle auftreten, sondern abrollen!

Sie machen dabei ganz normale Schritte - also keine längeren als sonst. Heben Sie die Füße vom Boden ab, und beugen Sie die Knie (nicht schlurfen!). Richten Sie Ihre Füße immer möglichst gerade zum Ziel hin, um Ihre Gelenke nicht einseitig zu strapazieren.

Sehr wichtig ist auch das elastische Abrollen. Also nicht mit der ganzen Sohle auftreten, auch wenn Sie das normalerweise so machen! Setzen Sie zuerst die Ferse auf den Boden auf, und rollen Sie dann ab bis zu den Zehen. Anschließend drücken Sie den Fuß unter Einsatz Ihrer Fuß- und Unterschenkelmuskulatur wieder von der Erde ab.

Hierin besteht der entscheidende Unterschied zum Jogging: Das Körpergewicht wird viel langsamer von der

Ferse auf den Fußballen verlagert. Auch der Aufprall des Fußes auf dem Boden ist nicht so stark wie beim Joggen, da beim Venen-Walking stets ein Fuß auf dem Boden bleibt: Das heißt, Venen-Walking ist gelenkschonender!

Venen-Walking ist gelenkschonender als Jogging.

Ihre Körperhaltung beim Venen-Walking sollte aufrecht und gestrafft sein (aber bitte kein Hohlkreuz machen!). Richten Sie den Blick beim Laufen auf den Horizont, und schwingen Sie mit den Armen locker im Rhythmus Ihres Körpers hin und her.

Wie wirkt Venen-Walking?

Regelmäßiges Venen-Walking stärkt das Bindegewebe und die Beinmuskulatur, also die Funktion der Muskelpumpe, die dafür sorgt, dass das Blut in den Beinvenen in Richtung Herz gepumpt wird. Die Beine werden entstaut.

Dabei erfüllt es gleichzeitig auch noch die Anforderungen einer idealen Sportart für Venenkranke: Es ist eine „gemäßigte" sportliche Betätigung mit geringer Belastung des Bewegungsapparats und geringem Verletzungsrisiko.

Welche Straßen und Wege eignen sich für Venen-Walking?

Querfeldeinwege sind nicht zu empfehlen (Stolpergefahr!), ebenso wenig tiefer Sand oder Schotter, denn Ihre Füße brauchen schon einen festen Untergrund, um elastisch abrollen zu können. Straßen und Wege mit sehr hartem Bodenbelag sind aber auch nicht ideal, weil Beine und Füße dabei rascher ermüden. Am besten eignen sich Park- oder Waldwege mit festem Untergrund.

Ihre Füße brauchen einen festen Untergrund, sonst können sie nicht richtig abrollen!

Was für eine Ausrüstung braucht man?

Venen-Walking erfordert keine spezielle Ausrüstung. Wichtig sind allerdings die richtigen Schuhe: Man sollte auf Fersendämpfung und richtige Passform achten und

Bei Venenkranken schwellen die Füße im Laufe des Tages an. Kaufen Sie Ihre Schuhe daher am besten am Spätnachmittag oder Abend, damit Sie nachher nicht feststellen müssen, dass sie zu klein sind!

einen Schuh aus atmungsaktivem Material wählen. Inzwischen gibt es auch schon spezielle Walking-Schuhe für diesen Sport.

Außerdem sollte man ein Paar leichte Baumwollsocken tragen. Überhaupt ist leichte Kleidung empfehlenswert, denn die Körpertemperatur steigt während des Venen-Walkings natürlich an. Nehmen Sie, wenn es kalt ist, lieber Zusatzkleidung mit, die Sie hinterher wieder ausziehen können! Im Winter sollten Sie Handschuhe tragen.

In welchem Tempo wird „gewalkt"?

Das Tempo hängt von Ihrem Alter und Ihrer Kondition ab. Sie können es selbst errechnen und mit der Zeit auch steigern.

Das Tempo beim Venen-Walking liegt zwischen Gehen und Joggen. Es kann aber individuell sehr verschieden sein: Es hängt nämlich von Ihrem Alter und Ihrer Kondition ab, das heißt, Sie müssen Ihr optimales Walking-Tempo selbst errechnen. Dabei geht man von der Pulsfrequenz aus, also von der Anzahl der Herzschläge pro Minute. Die „maximal zulässige Pulsfrequenz" errechnet man nach der Formel: 220 minus Alter.

Wie Sie Ihre maximal zulässige Pulsfrequenz errechnen können:

Bernd H. ist 48 Jahre alt und möchte es gern mit dem Venen-Walking versuchen.

Aber er weiß, dass man sich dabei nicht mit einem zu hohen Tempo überfordern soll. Deshalb errechnet er erst einmal seine maximal zulässige Pulsfrequenz:

220 minus Alter = Pulsfrequenz.

In Bernds Fall ergibt sich 220 - 48 = 172. Also darf Bernds Pulsfrequenz den Wert 172 nicht übersteigen.

Es gibt verschiedene Tempostufen

Nun sollte man beim Venen-Walking aber nicht seine maximal zulässige Pulsfrequenz ausschöpfen, sondern nur einen Teil davon. Grundsätzlich gilt die Regel: Einsteiger und Untrainierte sollten dabei 60 Prozent ihrer maximalen Pulsfrequenz erreichen, Fortgeschrittene (oder auch gesunde Menschen, die gelegentlich Sport treiben, also nicht mehr ganz untrainiert sind) 70 Prozent und gut trainierte Leute, die regelmäßig Sport treiben, 80 Prozent. Bei älteren Leuten und Menschen mit Bluthochdruck sollte die Pulsfrequenz nicht auf über 50 Prozent des Maximalwertes steigen!

Senioren und Menschen mit Bluthochdruck sollten die Sache in langsamerem Tempo angehen!

Man kann seine Pulsfrequenz während des Laufens durch Fühlen mit der Hand bestimmen oder mit einem elektronischen Pulsfrequenzmesser, den es in der Apotheke zu kaufen gibt. Ein solcher Pulsfrequenzmesser hat den Vorteil, dass man seinen individuellen Trainingswert vorher eingeben kann. Der Messer warnt einen dann mit einem Piepton, sobald man diesen Wert unter- oder überschreitet.

Für Menschen mit zu hohem Blutdruck empfiehlt sich das Trainieren mit dem Pulsfrequenzmesser.

Wie Sie Ihre persönliche Pulsfrequenz fürs Venen-Walking errechnen können:

Leider ist Bernd H. unsportlich. Zum Venen-Walking hat er sich nicht aus Sportbegeisterung entschlossen, sondern weil er Probleme mit seinen Krampfadern hat. Anfangs – so lange, bis er besser durchtrainiert ist – sollte er beim Venen-Walking deshalb nur eine Pulsfrequenz von 60 Prozent seiner maximal zulässigen Pulsfrequenz erreichen:

60 Prozent von 172 sind rund 103.

Mit dieser Pulsfrequenz wird Bernd H. sein Training beginnen.

Und so macht man Venen-Walking

▶ Aufwärmphase

Man beginnt mit einem drei- bis zehnminütigen langsamen Venen-Walking (Geschwindigkeit: etwa zwei bis drei Stundenkilometer) und beschleunigt sein Tempo dabei allmählich, um den Kreislauf in Schwung zu bringen und seine Muskeln und Gelenke langsam auf das Venen-Walking vorzubereiten.

▶ Dehnungsübungen

Vor dem Venen-Walking werden dann erst einmal ein paar Dehnungsübungen gemacht. Sie sollten diese Übungen langsam und entspannt durchführen und dabei ruhig atmen. Jede Position sollte mindestens zehn bis 15 Sekunden lang gehalten werden! Und gehen Sie mit der Dehnung nur so weit, bis Sie eine Spannung fühlen – keinen Schmerz. Zwischen den Übungen sollte die Muskulatur gelockert werden.

▶ Venen-Walking

Nun beginnt das eigentliche Venen-Walking in Ihrem individuellen Tempo, das Sie für sich errechnet haben. Achten Sie dabei auf Ihre Pulsfrequenz.

▶ Abkühlen

Richtiges Abkühlen ist wichtig für Ihr Wohlbefinden nach dem Venen-Walking!

Achten Sie darauf, dass Sie nicht zu plötzlich von der Venen-Walking-Phase wieder zur Ruhe kommen. Aus diesem Grunde ist es sehr wichtig, dass Sie Ihren Körper langsam abkühlen lassen. Senken Sie Ihr Venen-Walking-Tempo ganz allmählich über drei bis fünf Minuten hinweg bis hin zum langsamen Gehen. So kann sich Ihr Herz ganz langsam auf den Ruhezustand einstellen. Anschließend machen Sie wieder die gleichen Dehnungsübungen wie am Anfang. Sie werden Ihnen jetzt leichter fallen, weil Ihre Muskeln erwärmt sind!

Dehnungsübungen vor dem Venen-Walking

▶ Dehnungsübungen für Nacken und Hals

Neigen Sie den Kopf langsam so weit wie möglich nach rechts. Bleiben Sie einige Sekunden lang in dieser Position, und kehren Sie dann langsam in die Ausgangsposition zurück. Neigen Sie jetzt den Kopf nach links, und wiederholen Sie die Übung in dieser Richtung.

▶ Schultern hochziehen und Schulterkreisen

Ziehen Sie Ihre Schultern langsam nach oben, so weit Sie können. Anschließend drücken Sie sie zum Boden hin, und verbleiben Sie zehn bis 15 Sekunden lang in dieser nach unten gedehnten Position. Entspannen Sie Ihre Schultern wieder, kreisen Sie damit nach vorn und nach hinten. Arme dabei locker hängen lassen. Die Beine stehen bei dieser Übung schulterbreit auseinander.

Rumpfdehnung

▶ Rumpfdehnung

Stellen Sie sich gerade hin, die Beine wieder schulterbreit auseinander, und strecken Sie Ihre linke Hand so weit wie möglich nach rechts oben. Verbleiben Sie ein paar Sekunden lang in dieser Position, und führen Sie dann die Hand langsam wieder nach unten. Verfahren Sie mit der rechten Hand genauso.

Dehnung der Oberschenkelmuskulatur

▶ Dehnung der Oberschenkelmuskulatur

Stellen Sie sich im Abstand von etwa einem Meter neben einen Baum oder eine Wand, strecken Sie den rechten Arm aus, und stützen Sie sich ab. Dann winkeln Sie Ihr linkes Bein nach hinten an, und ziehen Sie es mit der linken Hand am Fußspann zum Gesäß hin – tun Sie dies so weit, bis Sie eine leichte Spannung im linken Oberschenkel verspüren. Bleiben Sie mindestens zehn Sekunden lang in dieser Position. Dann machen Sie die gleiche Übung mit dem anderen Bein.

Dehnung der Beinrückseite

Dehnung der Beinrückseite

Legen Sie ein Bein gestreckt auf einen Baumstamm oder eine Bank, und zwar in einer Höhe, die Sie mit den Händen noch gut erreichen können.

Versuchen Sie nun, die Zehen dieses Beins mit den Händen zu berühren. Der Rücken soll dabei aber gerade bleiben!

Eine Spannung in der Beinrückseite ist ein Zeichen dafür, dass Sie die Übung richtig gemacht haben. Bleiben Sie mindestens zehn Sekunden lang in dieser Position. Anschließend wiederholen Sie das Ganze mit dem anderen Bein.

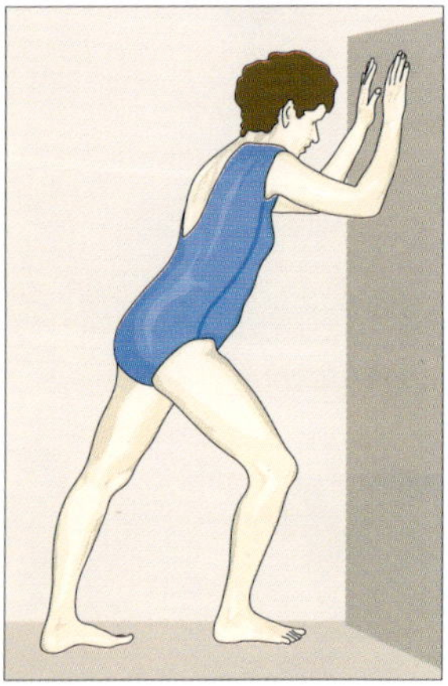

Dehnung von Beinrückseite und Achillessehne

Dehnung der Beinrückseite und der Achillessehne

Stellen Sie sich in einem Abstand von etwa einem bis anderthalb Metern vor einen Baum oder eine Wand und lehnen Sie sich mit den Händen an. Dann machen Sie mit einem Bein einen Schritt auf die Wand oder den Baum zu. (Das andere Bein bleibt jedoch gestreckt, die Ferse auf dem Boden.) Dabei beugen sich automatisch Ihre Arme.

Folgen Sie dieser Bewegung, und lassen Sie Ihren Oberkörper nach vorn gleiten, bis Sie eine Spannung in den Wadenmuskeln Ihres gestreckten Beins spüren. Bleiben Sie mindestens zehn Sekunden lang in dieser Position. Anschließend wird die gleiche Übung mit dem anderen Bein gemacht.

Dehnung von Fußgelenk und Waden

Verlagern Sie Ihr ganzes Gewicht auf den linken Fuß, heben Sie die Ferse des rechten Fußes vom Boden, und lassen Sie sie um den Fußballen kreisen.

Anschließend wird die gleiche Übung mit dem linken Fuß wiederholt.

Tips für ein erfolgreiches Venen-Walking:

- Es empfiehlt sich, **gemeinsam mit anderen** zu trainieren. Das hat den Vorteil, dass Sie sich währenddessen mit Ihren Trainingspartnern unterhalten und dass diese Sie auch korrigieren können, falls sie merken, dass Sie beim Venen-Walking Fehler machen.
- An manchen Tagen wird Ihnen das Training schwerer fallen als an anderen. Das ist bei allen Sportarten so. Gehen Sie die Sache dann an solchen Tagen ruhig etwas langsamer an, statt sich zu Ihrem gewohnten Tempo zu zwingen; am nächsten Tag funktioniert es sicher wieder besser. **Venen-Walking ist kein Leistungssport**. Wichtig ist, dass Sie den Spaß daran behalten, denn sonst werden Sie das Training nicht lange durchhalten.
- „Walken" Sie auf **unterschiedlichen Strecken**. Es soll Ihnen schließlich nicht langweilig werden: Die Abwechslung erhöht nämlich den Reiz dieses Sports.
- Auch **alltägliche Besorgungen** – der Gang zur Arbeit oder der Spaziergang mit dem Hund – lassen sich per Venen-Walking erledigen!
- Halten Sie in Ihrem persönlichen „**Venen-Walking-Tagebuch**" Ihre Fortschritte fest! Es wird Sie motivieren, wenn Sie merken, dass Sie allmählich immer länger und schneller laufen können. Gerade der Vergleich macht Ihnen Mut, das nächste Mal noch intensiver zu laufen.
- Wenn Sie Ihr **Training beschleunigen** und intensivieren wollen, so tun Sie dies stets durch schnellere, niemals durch längere Schritte.

In der Gruppe macht Venen-Walking mehr Spaß!

Vermeiden Sie jeden Zwang, sonst macht Ihnen Venen-Walking bald keinen Spaß mehr!

Sorgen Sie für Abwechslung!

Venen-Walking zwischendurch!

Ihr Venen-Walking-Tagebuch motiviert Sie!

Wenn Sie längere Schritte machen als gewohnt, verkrampfen Sie sich!

Regelmäßige Gymnastik hält Ihre Venen in Schwung!

Venen-gymnastik

Zur Vorbeugung und Linderung von Venenerkrankungen gibt es gezielte Gymnastikübungen, die entstauend und kräftigend auf Venen und Muskulatur wirken. Die Übungen müssen Sie allerdings regelmäßig durchführen!

Führen Sie die Übungen auf den nächsten Seiten konsequent und regelmäßig durch.

Nicht nur Sport und Laufen, auch regelmäßige Gymnastikübungen sind für Venenkranke wichtig. Hier gilt: Fangen Sie so bald wie möglich mit der Gymnastik an – denn Vorbeugen ist allemal besser als Heilen!

Fußgymnastik

▶ **Zehen- und Fersengang:** Diese Übung wird Ihnen nicht schwer fallen.

Gehen Sie barfuß auf den Zehenspitzen auf einer nicht zu weichen Unterlage vorwärts.

Anschließend ziehen Sie die Zehenspitzen hoch. Gehen Sie jetzt auf den Fersen weiter. Planen Sie sowohl für den Zehengang als auch für den Fersengang jeweils eine halbe bis eine Minute ein, und halten Sie sich dabei – das ist sehr wichtig – nicht fest.

▶ **Zehen beugen und strecken:** Legen Sie sich auf den Rücken, strecken Sie die Beine, und heben Sie sie senkrecht in die Höhe. Nun werden die Zehen in der Luft abwechselnd gebeugt und wieder ausgestreckt. Machen Sie diese Übung etwa eine halbe Minute lang.

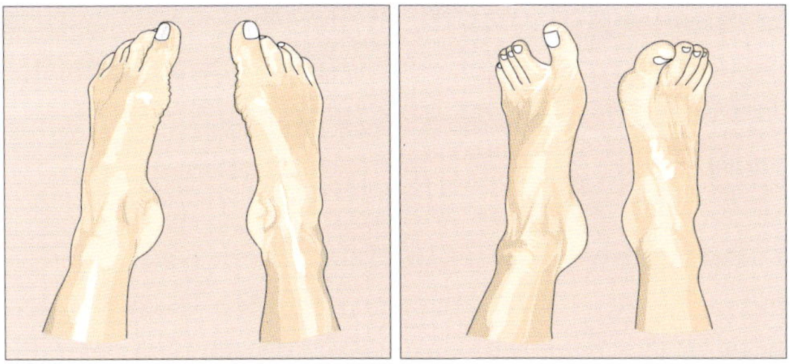

Zehen abwechselnd beugen und strecken

▶ **Füße kreisen:** Lassen Sie – wiederum in Rückenlage und mit senkrecht hochgehobenen, gestreckten Beinen – Ihre Füße in den Sprunggelenken kreisen, und zwar abwechselnd einwärts und auswärts, mindestens eine halbe Minute lang.

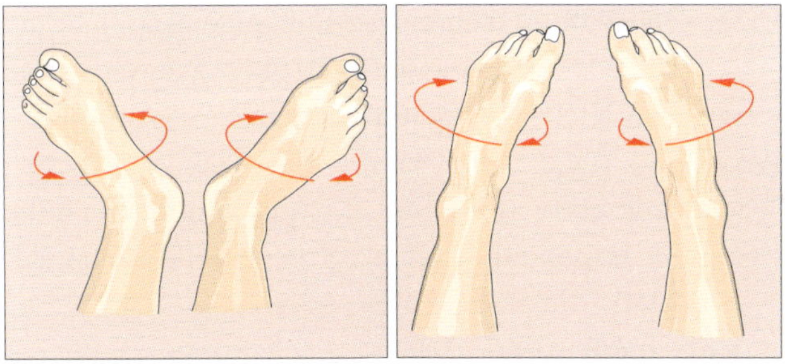

Füße abwechselnd einwärts und auswärts kreisen lassen

▶ **Fußgelenke:** Danach sollten Sie die Fußgelenke abwechselnd rechts und links beugen und strecken.

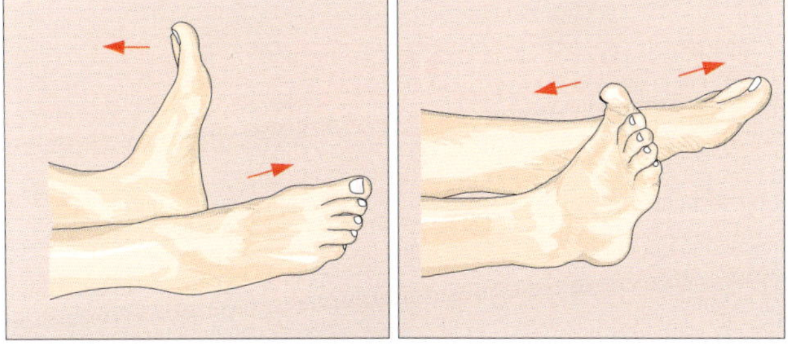

Füße abwechselnd beugen und strecken

Entstauungsgymnastik

Solche Übungen eignen sich besonders bei Schwellungen und Schweregefühl in den Beinen, vor allem abends.

Die folgenden Übungen entstauen Ihre Beine, das heißt, sie fördern den Rückfluss des Blutes aus den Beinvenen zum Herzen.

Beine abwechselnd hochstrecken: Legen Sie sich mit unter dem Kopf gefalteten Händen flach auf den Rücken. Die Beine sind ausgestreckt. Ziehen Sie jetzt die Beine an. Dann strecken Sie abwechselnd linkes und rechtes Bein senkrecht in die Höhe, und legen Sie es gestreckt wieder auf dem Fußboden ab.

Diese Übung 15- bis 20-mal wiederholen!

Sanfte Beinmassage: Legen Sie sich flach auf den Rücken, und strecken Sie die Beine aus. Nun ziehen Sie das rechte Bein so an, dass Ihr Knie auf der Brust liegt. Umfassen Sie Ihren rechten Fuß mit beiden Händen, und strecken Sie das Bein langsam nach oben. Dann legen Sie es langsam wieder auf dem Boden ab. Streichen Sie dabei mit den Handflächen sanft über Fußspitze, Knöchel, Wade, Knie und Oberschenkel. Dann kommt das linke Bein dran. Insgesamt machen Sie diese Übung zehnmal.

Nach den einzelnen Übungen sollten Sie jeweils eine kurze Pause machen, in der Sie locker und entspannt auf dem Rücken liegen und ruhig und gleichmäßig atmen. Die Aufeinanderfolge von Anspannung und Entspannung ist wichtig für den Erfolg Ihrer Übungen!

Knie nach außen drücken: Setzen Sie sich mit angezogenen Beinen auf den Boden, und stützen Sie die Hände auf den Knien auf. Nun drücken Sie Ihre Knie mit den Händen nach außen gegen den Boden.

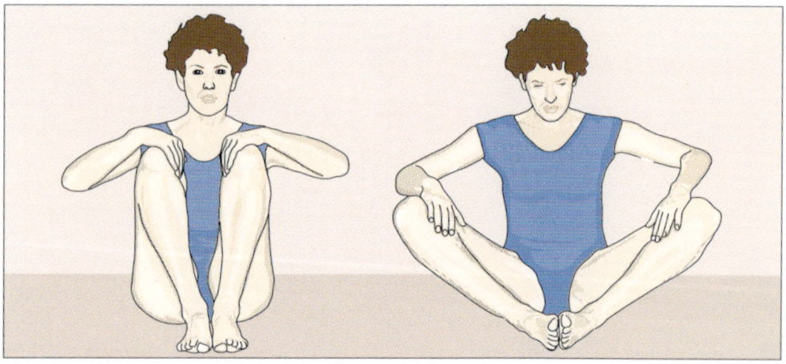

Drücken Sie mit den Händen die Knie nach außen.

▶ **Beine strecken:** Sie sitzen mit angezogenen Beinen auf dem Boden. Heben Sie nun die Füße vom Boden ab, und strecken Sie die Beine durch, ohne den Boden zu berühren.

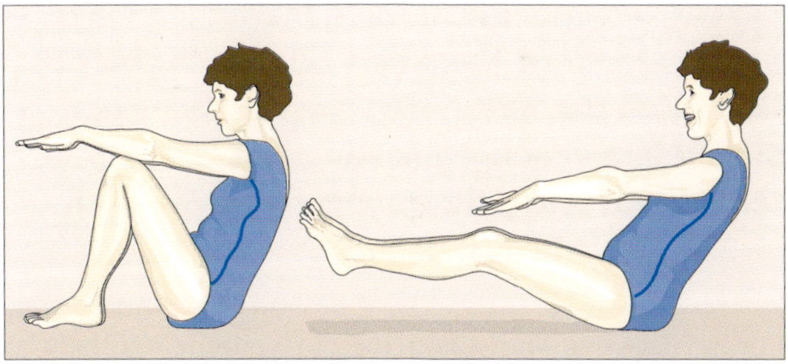

Beine in der Luft durchstrecken

▶ Wippe: Wippen Sie mit gestrecktem Körper und nach vorn ausgestreckten Armen gleichmäßig von den Sohlen auf die Zehenspitzen – immer auf und ab.

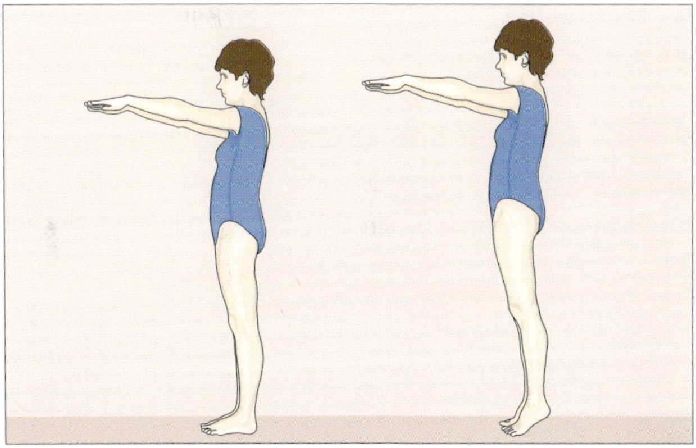

Mit durchgestrecktem Körper von der Sohle auf die Zehenspitzen und zurück wippen

▶ Radfahren in der Luft: Falls Sie kein Rad haben sollten – Radfahren kann man auch auf dem Fußboden. Legen Sie sich auf den Rücken und heben Sie Beine und Rücken vom Boden ab. Stützen Sie die Hüfte mit den Armen ab und fahren Sie mit den Beinen in der Luft Rad.

Mit den Beinen in der Luft Rad fahren

Gymnastik auch im Bett ...

Gymnastik für Bettlägerige

Auch wenn Sie wegen einer Krankheit oder nach einer Operation das Bett hüten müssen, brauchen Sie auf Ihre Venengymnastik nicht zu verzichten. Es gibt leichtere Übungen, die Sie auch im Bett durchführen können.

Vor allem nach einer Operation ist Gymnastik wichtig zur Thrombosevorbeugung. Beginnen Sie (nach Absprache mit Ihrem Arzt) möglichst schon im Bett damit!

Für bettlägerige Menschen, die ein Venenleiden haben, ist Gymnastik besonders wichtig.

Deshalb sollten Sie sich – natürlich nach Absprache mit Ihrem Arzt – so bald wie möglich wieder bewegen. Wenn Sie noch nicht aufstehen dürfen, können Sie auch im Bett liegend Venengymnastik betreiben. Führen Sie die folgenden Übungen so oft wie möglich (am besten stündlich) durch.

▶ **Füße strecken und anziehen:** Legen Sie sich auf den Rücken, und atmen Sie ruhig. Nun werden die Füße im Wechsel gestreckt und wieder angezogen. Wiederholen Sie diese Übung bis zu 20-mal.

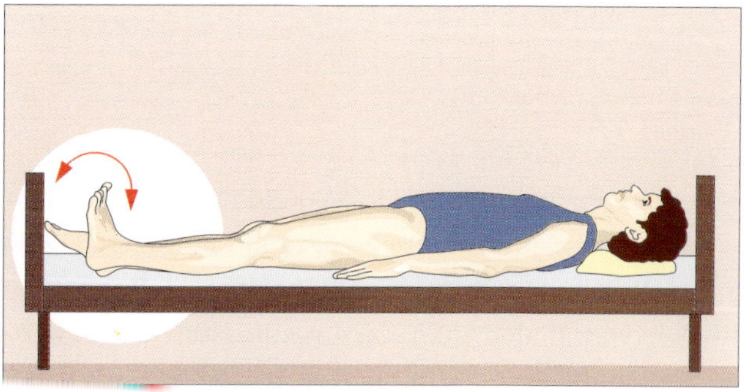

Füße im Wechsel strecken und wieder anziehen

Gegen das Fußende des Bettes drücken: Wieder liegen Sie auf dem Rücken und atmen ruhig. Drücken Sie nun die Füße im Wechsel mit der Ferse und mit den Zehenspitzen gegen das Fußende des Bettes. Wiederholen Sie die Übung bis zu zehnmal.

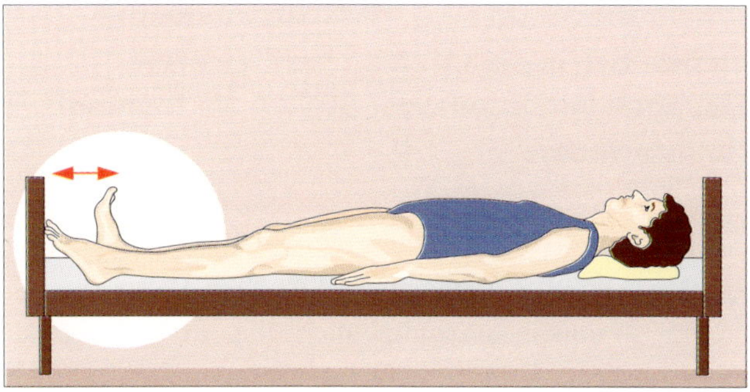

Im Wechsel mit Ferse und Fußspitze gegen das Fußende drücken

Beine abwechselnd hochstrecken: Sie liegen auf dem Rücken; beide Arme sind neben dem Körper ausgestreckt. Nun strecken Sie abwechselnd das rechte und das linke Bein hoch, und senken Sie es wieder. Wiederholen Sie die Übung bis zu zehnmal.

Fahrradfahren im Bett: Legen Sie sich auf den Rücken, und verschränken Sie die Hände hinter dem Kopf. Nun fahren Sie mit den Beinen im Bett „Rad". Wiederholen Sie die Übung bis zu 15-mal.

Solange Sie noch nicht so fit sind, beschränken Sie sich auf die Übungen 1 und 2, die Sie auch noch durch kreisende Fußbewegungen, Fußwippen und „Klavierspielen" mit den Zehen ergänzen können. Auch solche kleinen Bewegungen helfen. Später, wenn es Ihnen besser geht – und wenn der Arzt es erlaubt –, können Sie dann auch die Beinübungen machen. Vergessen Sie nicht: Frühzeitige Bewegung ist die beste Thromboseprophylaxe!

Übungen nach dem Aufstehen

Übungen nach dem Aufstehen **Wenn Sie so weit genesen sind, dass Sie wieder aufstehen dürfen, empfehlen sich leichtere Übungen im Sitzen oder Stehen als Training für Ihre Venen.**

Übungen (und auch Sportarten) mit Springen oder Hüpfen sind für Venenkranke tabu!

Nach dem Aufstehen sollten Sie regelmäßig die im Folgenden beschriebenen Übungen machen. Dabei können Sie Ihr Übungspensum allmählich steigern. Wichtig: Machen Sie keine Übungen, die mit Springen oder Hüpfen verbunden sind! Denn das bewirkt einen Druck des Blutes in den Venen nach unten – also genau das Gegenteil von dem, was Sie mit Ihrer Gymnastik erreichen wollen.

- **Wechselnde Zehenstände:** Setzen Sie sich auf einen Stuhl, und atmen Sie ruhig. Die Beine sind geschlossen. Nun heben Sie die Füße abwechselnd in den Zehenstand, und setzen Sie sie wieder auf. Wiederholen Sie diese Übung bis zu 20-mal.

- **Langsamer Zehenstand:** Stellen Sie sich zwischen einen Tisch und einen Stuhl, und stützen Sie sich mit den Armen darauf. Nun gehen Sie langsam in den Zehenstand, und setzen Sie die Fersen wieder auf. Wiederholen Sie die Übung bis zu 20-mal.

- **Zehenstand an der Wand:** Stellen Sie sich in Schrittstellung (das heißt, einen Fuß vor den anderen gesetzt) mit dem Gesicht zur Wand, und stützen Sie sich mit den Händen in Schulterhöhe ab. Gehen Sie in den

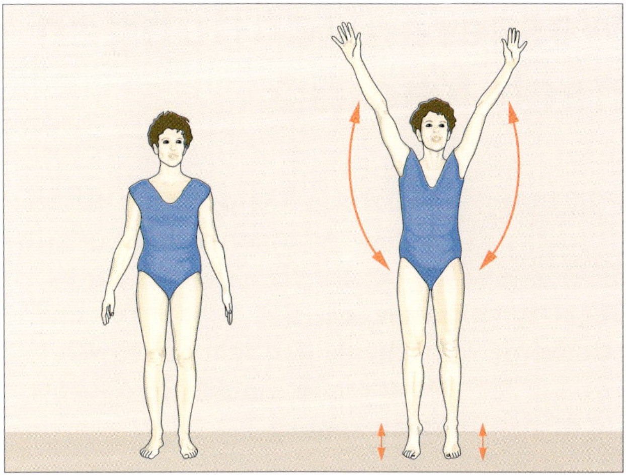

Grätschstellung einnehmen, die Arme seitlich hochnehmen, parallel dazu auf Zehenspitzen stehen

Zehenstand, und setzen Sie dann die Fersen wieder auf. Wiederholen Sie die Übung bis zu 20-mal.

▶ **Grätsche mit gestreckten Armen:** Stellen Sie sich mit gegrätschten Beinen hin, und führen Sie die Arme beim Einatmen seitlich nach oben. Gehen Sie dabei in den Zehenstand. Beim Ausatmen kehren Sie in die Grätschstellung zurück. Wiederholen Sie diese Übung bis zu 20-mal.

Die richtige Atemtechnik ist wichtig

Zu gymnastischen Übungen gehört immer auch die richtige Atemtechnik, weil sie die Herztätigkeit beeinflusst und den Rückfluss des Blutes aus den Venen fördert. Wichtig ist vor allem ruhiges, gleichmäßiges Atmen im richtigen Bewegungstakt. Hektisches, unkontrolliertes Atmen hingegen beeinträchtigt die Leistung des Herzens und damit der Venen!

Wasseranwendungen nach Kneipp

Kneipp'sche Wasseranwendungen

Bei den Kneipp'schen Wasseranwendungen handelt es sich um ein Verfahren auf der Basis der Naturheilkunde, das sich bei der Vor- und Nachsorge von Venenleiden sehr gut bewährt hat. Die Technik ist relativ einfach, so dass Sie sie schnell erlernen können.

Wasserbehandlungen können bei Venenleiden die Symptome mindern und zu einer wesentlichen Verbesserung des Blutkreislaufes führen.

Mit Wasseranwendungen lassen sich bei Venenleiden sehr positive Ergebnisse erzielen. Damit Sie sich an die Wasseranwendung gewöhnen (sie wird zunächst als unangenehm empfunden), ist es für den Anfang oft günstig, wenn Sie mit wechselwarmen Waschungen beginnen.

Temperatur des warmen Wassers: ca. 38 Grad
Temperatur des kalten Wassers: ca. 10–16 Grad

Wechselwarme Waschungen

Nehmen Sie dazu ein mit heißem Wasser getränktes, kleines Handtuch, und waschen Sie die Beine von den Füßen her bis zum Oberschenkel langsam ab. Wiederholen Sie die Prozedur danach mit einem mit kaltem Wasser getränkten Handtuch.

Legen Sie dann eine Decke auf die (nicht abgetrockneten) Beine. Sie werden bald darauf eine wohltuende Durchwärmung der Beine verspüren.

Der wechselwarme Knieguss

Wenn Sie sich an den Wechsel von heiß und kalt gewöhnt haben, können Sie zum Knieguss übergehen. Dazu eignet sich eine Handbrause sehr gut. Die Brause sollte bei nicht zu hartem Strahl dicht an die Haut gehalten werden. Beginnen Sie – bei bekleidetem Oberkörper –

mit warmem Wasser am rechten Fuß, und führen Sie den Strahl zunächst an der Außenseite der Wade bis kurz über das Knie. Halten Sie den Strahl dabei so, dass auch die Rückseite der Wade gleichmäßig umspült wird. Dann wird die Innenseite des Beines von oben nach unten in der gleichen Weise umspült. Mit dem linken Bein verfahren Sie genauso. Dann wird der gesamte Vorgang mit kaltem Wasser wiederholt.

Das Ganze muss rasch geschehen. Der heiße Guss sollte pro Bein nicht länger als 20 bis 25 Sekunden dauern. Der kalte Guss sollte noch kürzer sein. Grundsätzlich gilt: Je kälter das Wasser, desto kürzer der Guss. Wenn sich danach nicht rasch wohlige Erwärmung einstellt, trocknen Sie die Beine ab, ziehen Sie sich wärmende Strümpfe an, und laufen Sie umher. Stattdessen können Sie sich auch hinlegen und warm zudecken.

Welche Fehler muss man vermeiden?

- Wenden Sie Wasserbehandlungen nicht zu häufig an. Dreimal täglich ist die Obergrenze. Steigern Sie die Anwendungen nicht zu rasch.
- Behandeln Sie niemals kalte Füße oder Beine mit kaltem Wasser. Die Beine müssen bei der Anwendung stets warm sein!
- Achten Sie auch darauf, dass Füße und Beine sich anschließend wieder erwärmen.
- Seien Sie mit Wasserbehandlungen vorsichtig, wenn Sie einen labilen Kreislauf haben.

Der wechselwarme Schenkelguss

Im Gegensatz zum Knieguss werden beim Schenkelguss nach Kneipp die gesamten Beine – ebenfalls bei bekleidetem Oberkörper – bis zur Hüfte erst mit heißem, dann

Diese Güsse wirken sich auch positiv auf einen zu niedrigen Blutdruck aus.

mit kaltem Wasser umspült. Beginnen Sie wie beim Knieguss. Im Anschluss daran führen Sie den Strahl jedoch an der Außenseite des Oberschenkels bis an die Hüfte hoch, wo Sie ihn etwa fünf bis zehn Sekunden halten. An der Innenseite des Beines geht es schließlich wieder abwärts.

Der kalte Schenkelguss

In warmer Umgebung sind die Venen weit und prall mit Blut gefüllt; in kühlerer Umgebung ziehen sie sich zusammen. Deshalb sind starke Hitzeeinwirkungen nicht gut für Venenkranke, kaltes Wasser (Schwimmen, kalte Güsse) wirkt sich dagegen sehr positiv aus.

Wechselwarme heiß-kalte Anwendungen üben starke Reize auf die Venen aus. Bei alleinigen Kälteanwendungen ist der Effekt jedoch noch stärker. Wenn Sie sich also nach den wechselwarmen Praktiken an die Kneipp'sche Therapie gewöhnt haben (Sie werden sie dann übrigens nicht mehr missen wollen!), können Sie zur reinen Kaltbehandlung übergehen. Sie verfahren dabei in der gleichen Weise wie oben beschrieben, nur entfällt der heiße Wasserguss.

Sie können die Wirkung noch verstärken, wenn Sie auch die Arme (auch hier rechts beginnend) abduschen, besonders wenn Sie einen niedrigen Blutdruck haben.

Wassertreten

Das Wassertreten ist eine der bekanntesten Anwendungen nach Kneipp.

Normalerweise watet man dabei durch etwa 20 bis 30 Zentimeter tiefes, kühles oder kaltes Wasser, und zwar im „Storchengang" – das heißt, man hebt bei jedem Schritt den Fuß ganz aus dem Wasser.

Das Wassertreten können Sie sowohl vorbeugend als auch zur Nachsorge anwenden. Dazu müssen die Durchblutungsverhältnisse in Ihren Beinen aber relativ gut sein. Hier kann Sie nur Ihr Arzt beraten. Sie sollten frühestens in der dritten Woche damit beginnen, wenn Ihr Körper sich bereits an die anderen Kneipp'schen Anwendungen gewöhnt hat.

Fragen Sie Ihren Arzt, ob die Kneipp-Anwendungen für Sie förderlich sind.

Zum Wassertreten brauchen Sie grundsätzlich keinen Kuraufenthalt. Sie können eine solche „Kneipp-Kur“ ebenso zu Hause in der Badewanne durchführen.

Dazu füllen Sie kaltes Wasser in die Badewanne (Gummimatte wegen der Rutschgefahr nicht vergessen!) bis zur Wadenhöhe, und laufen Sie darin umher, indem Sie die Füße nach Storchenart wechselweise aus dem Wasser nehmen und wieder eintauchen. Gehen Sie nur mit warmen Füßen ins kalte Wasser, und hören Sie auf, sobald die Füße kalt werden. Zur anschließenden Wiedererwärmung empfiehlt es sich, Strümpfe anzuziehen und in der Wohnung herumzulaufen oder ins Bett zu gehen.

Beim Wassertreten schlagen Sie „zwei Fliegen mit einer Klappe“: Der Kältereiz bewirkt ein Zusammenziehen der Venen. Gleichzeitig wird durch die Betätigung der Muskelpumpe der Blutfluss zum Herzen gefördert.

Was man bei Kneippschen Wasseranwendungen beachten muss

- Wenden Sie dazu nur heißes (38 Grad) oder kaltes (10–16 Grad) Wasser an. Lauwarmes Wasser ist wenig förderlich.
- Lassen Sie auf eine heiße Anwendung stets eine kalte folgen. Die alleinige Anwendung von heißem Wasser bewirkt eine Erweiterung der Venen und eine Verlangsamung der Fließgeschwindigkeit des Blutes, also genau das Gegenteil von dem, was Sie erreichen wollen.
- Nach jeder Behandlung muss sich bei Ihnen Wohlbehagen einstellen.
- In der Regel sollen Sie die Beine nach einer Anwendung nicht abtrocknen. Der Körper soll das Trocknen alleine besorgen.
- Vor und nach einer Anwendung soll der Körper erwärmt sein bzw. sich erwärmen. Sie erreichen das durch Bewegung oder Bettwärme.

Leben mit Kompressionsverbänden und -strümpfen

Kompressions-verband und -strumpf

Viele Patienten empfinden Kompressionsverbände und -strümpfe als lästig und tragen sie deshalb entweder gar nicht oder zumindest nicht regelmäßig und vorschriftsgemäß. Das kann aber verhängnisvolle gesundheitliche Folgen haben!

Wenn Ihnen Ihr Arzt einen Kompressionsverband verschreibt, tragen Sie ihn auch wirklich!

Wenn der Arzt ein Venenleiden festgestellt hat, gehört zu seinen ersten Behandlungsmaßnahmen meist der Kompressionsverband. Dieser Verband wird Sie als Vorbeugemaßnahme oder zur Nachsorge für eine Weile oder manchmal sogar für Ihr restliches Leben begleiten, was von vielen Venenkranken als lästig empfunden wird. Deshalb werden diese Verbände von vielen Patienten nicht oder nicht immer vorschriftsmäßig getragen.

Dennoch: Kompressionsverbände sind ein wichtiger Teil der Behandlung, und Sie sollten sich strikt an die Anweisungen Ihres Arztes halten und mitwirken. Sonst kann Ihr Leiden sich gravierend verschlimmern!

Es gibt verschiedene Verbandstypen

Ein wenig sollten Sie daher über Kompressionsverbände wissen. Es gibt verschiedene Verbandstypen, die je nach Fabrikat aus unterschiedlichen Materialien hergestellt sein können: Die so genannten (textilelastischen) Kurzzugbinden erzeugen einen geringen „Ruhedruck“ (das ist der Druck bei körperlicher Ruhe, zum Beispiel im

Liegen) und einen hohen „Arbeitsdruck" (das ist der Druck bei körperlicher Betätigung, zum Beispiel beim Laufen). Er eignet sich für Menschen, die ihren normalen Tätigkeiten weiterhin nachgehen können.

Für Menschen, die dagegen aus gesundheitlichen Gründen – etwa wegen einer anderen Erkrankung – Bettruhe einhalten müssen, kommt die (gummielastische) Langzugbinde in Frage. Sie erzeugt umgekehrt einen hohen Ruhedruck und einen geringen Arbeitsdruck.

Außerdem unterscheidet man zwischen Wechselverbänden, die in der Regel täglich gewechselt werden, und Dauerverbänden, die bis zu einer Woche ununterbrochen getragen werden.

Für Menschen, die ihren normalen Tätigkeiten nachgehen, also nicht bettlägerig sind, empfiehlt sich eine Kurzzugbinde. Bettlägerige müssen eine Langzugbinde tragen.

Sie müssen lernen, den Verband selbst anzulegen – und zwar richtig!

Die Art des Verbandes und die notwendige Kompressionsstärke legt der Arzt nach Art und Schwere Ihrer Venenerkrankung fest. Der Verband muss umso fester und der ausgeübte Druck umso höher sein, je akuter und schwerwiegender die Venen- und Gewebestauungen sind, denn nur dann kann der Kompressionsverband seine optimale Wirkung entfalten.

Je akuter und schwerwiegender die Stauungen in den Beinen sind, umso stärker muss der Druck sein, den der Verband ausübt. Zu locker angelegte Verbände nützen nichts!

Nun ist der Arzt aber speziell bei den Wechselverbänden nicht in der Lage, Ihnen den Verband täglich neu anzulegen. Er wird Ihnen jedoch genaue praktische Anleitungen zu der von ihm bevorzugten Technik geben und überprüfen, ob Sie alles richtig machen. Danach müssen Sie diese Aufgabe zu Hause gewissenhaft und eigenverantwortlich selbst übernehmen.

Beim Anlegen von Kompressionsverbänden ist es wichtig, dass sie auch wirklich stramm genug gewickelt werden. Leider ist es häufig so, dass Patienten schon nach kurzer Zeit ein wenig nachlässig werden, vor allem, wenn sich die ersten sichtbaren Erfolge einstellen.

Die Verbände werden dann vielfach - eher als lästige, falschverstandene Pflichterfüllung gegenüber dem Arzt - viel zu locker angelegt. Damit erfüllen natürlich diese Verbände ihren Zweck nicht mehr.

Legen Sie Ihren Verband morgens am besten noch im Bett sitzend an, weil die Beine zu dieser Zeit am wenigsten belastet sind.

Richtig liegt ein Kompressionsverband dann, wenn er einen so hohen Druck ausübt, dass die Zehen im Liegen eine leicht bläuliche Verfärbung bekommen. Sie können das also ganz leicht überprüfen.

Die einzelnen Wickelungen Ihres Kompressionsstrumpfes müssen spiralförmig übereinander liegen, damit keine Zwischenräume und Schnürfurchen entstehen. Wäre dies der Fall, so könnten diese Bereiche schmerzhaft anschwellen, und es können auch Blutstauungen darin entstehen. Auch die Ferse muss fest mit eingewickelt werden.

Der Kompressionsstrumpf – heutzutage keine große Belastung mehr

Einen Kompressionsstrumpf kann der Arzt Ihnen bereits zusammen mit einem Verband verordnen, wobei der Verband über den Strumpf gewickelt wird. Meist wird der Strumpf aber zur (oftmals leider dauernden) Nachsorge bei Venenleiden eingesetzt, sobald es sich erübrigt, dass Sie einen Kompressionsverband anlegen und tragen müssen.

Außerdem eignen Kompressionsstrümpfe sich auch als Vorbeugungsmaßnahme, beispielsweise bei einer Schwangerschaft.

Der Kompressionsstrumpf wird in der Regel im Sanitätshaus angepasst. Dort bekommen Sie Kompressionsstrümpfe in den unterschiedlichsten Ausführungen. Die Angebotspalette reicht vom Wadenstrumpf über den Schenkelstrumpf bis hin zur kompletten Kompressionsstrumpfhose. Für Schwangere gibt es spezielle Umstandsstrumpfhosen.

Das richtige Anpassen des Strumpfes ist sehr wichtig. Ein Kompressionsstrumpf, der nicht richtig sitzt, ist nicht nur unbequem, sondern er übt auch einen zu niedrigen oder zu hohen Druck auf Ihre Beinvenen aus, das heißt, er hat nicht die gewünschte Wirkung, sondern bewirkt eher das Gegenteil: Unter Umständen schadet er mehr, als er nützt.

Wichtig: Der Kompressionsstrumpf muss richtig sitzen!

Wenn Sie also feststellen, dass Ihr Kompressionsstrumpf nicht richtig passt, sollten Sie zur Überprüfung der Passform nochmals ins Sanitätshaus oder auch zu Ihrem Arzt gehen. Unter Umständen sind auch Maßanfertigungen möglich. Dazu wird der Arzt Ihr Bein genau vermessen.

Das Anziehen des Kompressionsstrumpfes wird Ihnen am Anfang sicher etwas ungewohnt erscheinen, aber nach ein paar Tagen wird es Ihnen nicht mehr schwer fallen. Am besten, Sie ziehen den Strumpf schon vor dem Aufstehen im Bett an. So verhindern Sie, dass es überhaupt erst zu Blutstauungen in den unteren Beinvenen kommen kann.

Zum Anziehen von Kompressionsstrümpfen gibt es im Sanitätshaus eine Anziehhilfe zu kaufen, die Menschen mit mangelnder körperlicher Beweglichkeit gute Dienste leistet.

Damit der Strumpf lange hält

Kompressionsstrümpfe kosten Geld. Damit Ihr Strumpf möglichst lange hält, sollten Sie ihn pfleglich behandeln und nicht überdehnen. Sonst „leiert“ er schnell aus. Um das Strumpfgewebe nicht zu zerstören, können Sie beim An- und Ausziehen auch Wollhandschuhe tragen.

Sie müssen den Strumpf aber auch regelmäßig waschen, denn Schweiß, Hautfett und schädliche Umweltstoffe, die sich während des Tragens in das Strumpfgewebe einlagern, können die elastischen Fäden zerstören.

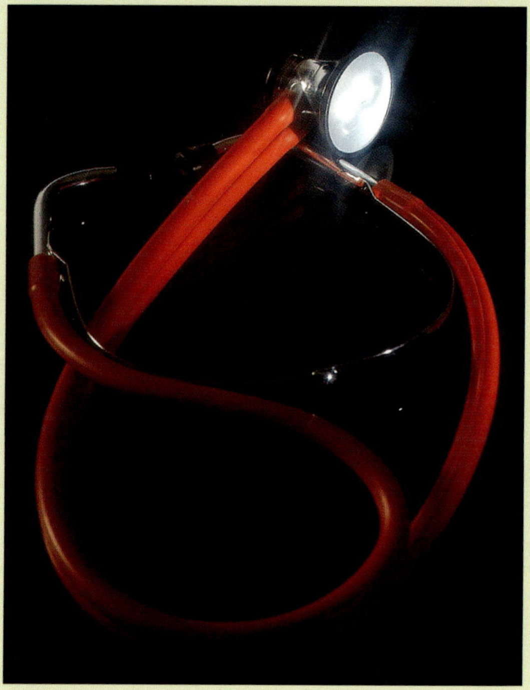

Fragen, die Patienten häufig stellen

Wenn Sie unter einer Venenerkrankung leiden, werden Sie viele Fragen haben. Fragen, die sich sowohl auf die Ursachen Ihres Leidens beziehen als auch auf die Heilungsaussichten, auf mögliche Selbsthilfemaßnahmen und auf die Gestaltung Ihres künftigen Lebens. Im Folgenden sollen die häufigsten Fragen, die Patienten dem Arzt im Zusammenhang mit Venenleiden stellen, kurz beantwortet werden.

In welchem Alter treten Krampfadern am häufigsten auf?

Krampfadern können sich bereits im Kindesalter bilden, wenngleich dies relativ selten ist. Am häufigsten treten sie ab dem 20. Lebensjahr auf, wobei das Risiko mit zunehmendem Alter steigt.

Lassen sich Krampfadern heilen?

Im Prinzip nicht. Wenn eine Krampfader erst einmal entstanden ist, dann bleibt sie auch eine Krampfader. Ausnahme: Gewisse Krampfadern, die während einer Schwangerschaft entstehen, können sich nach der Entbindung von alleine zurückbilden.

Können Besenreiser zu Krampfadern führen?

In den meisten Fällen stehen Besenreiser in keinem unmittelbaren Zusammenhang mit Krampfaderleiden. Sie deuten aber auf eine allgemeine Bindegewebsschwäche hin, die schließlich doch zur Entstehung von Krampfadern führen kann.

Darf man trotz Krampfadern tanzen?

Tanzen ist eine gute und für viele Venenkranke sehr angenehme sportliche Betätigung, weil es die Durchblutung der Beine fördert. Allerdings sollte man sich auf solche Tänze beschränken, bei denen man nicht springen und hüpfen oder längere Zeit stampfend auf der Stelle stehen muss. Außerdem ist es ratsam, stets flaches, bequemes Schuhwerk zu tragen.

Sind Krampfaderblutungen gefährlich?

Zu Krampfaderblutungen (man darf sie nicht mit einem offenen Bein verwechseln) kann es besonders im Bereich der Knöchel kommen. Sie entstehen durch kleinste Verletzungen. Diese Begleiterscheinung des Krampfaderleidens ist relativ selten und im Prinzip nicht gefährlich; es kann dabei aber sehr rasch zu einem großen Blutverlust kommen, der auch zum Kreislaufkollaps führen kann.

Deshalb sollte man das Bein sofort hochlagern; die blutende Krampfader muss über Herzhöhe liegen. Zusätzlich presst man ein sauberes Taschentuch oder einen Wundverband auf die blutende Stelle und wickelt den Unterschenkel kräftig mit zwei textilelastischen Kurzzugbinden. Dann hört die Blutung rasch auf. Kommt es aber häufiger zu solchen Blutungen, sollte man den Arzt aufsuchen.

Kann bei Krampfadern ein Berufswechsel nötig werden?

Ja! Krampfaderleiden können solche Ausmaße annehmen, dass sie nicht nur zur Berufs-, sondern auch zur Arbeitsunfähigkeit führen. Besonders jüngere Menschen, die daran erkranken und in einem stehenden oder sitzenden Beruf arbeiten, sollten sich wenn möglich und beizeiten nach einer Alternative umsehen.

Sind Krampfadern während einer Schwangerschaft im Bereich der Scheide gefährlich?

In der Regel nicht! Zu solchen Bildungen kann es besonders während der ersten Schwangerschaft kommen. Bei diesen mit den körperlichen Belastungen der Schwangerschaft zusammenhängenden Erscheinungen handelt es sich meistens nicht um echte Krampfadern, sondern um vorübergehende Venenerweiterungen. Wenn sie schmerzhaft werden, kann man sie zum Beispiel mit kalten Umschlägen oder Salben behandeln. Nach der Entbindung bilden sie sich meistens von alleine wieder zurück.

Kann eine Kompressionsstrumpfhose das Wohlbefinden des ungeborenen Babys beeinträchtigen?

Diese Gefahr ist nahezu ausgeschlossen. Wenn der Arzt statt eines Kompressionsstrumpfes eine Strumpfhose verordnet, hat dies keinerlei Nachteile für das Baby. Die Strumpfhosen sind durch Einfügung anderer Materialien so gearbeitet, dass der Raum, den das Baby im Mutterleib beansprucht, von der Kompression ausgeschlossen ist.

Wo treten Thrombosen am häufigsten auf?

Prinzipiell kann es in allen Venen zu Thrombosen kommen. In der mit Abstand überwiegenden Zahl aber laufen sie in den Beinen ab und hier vor allem in den Unterschenkeln. Daneben kann es aber genauso auch im Oberschenkel oder im Bereich der Hüfte zu Thrombosen kommen. Es gibt Thrombosen sowohl in den oberflächlichen als auch in den tiefen Venen, wobei letztere gefährlicher sind.

Wann darf man nach einer Thrombose wieder in die Sauna?

Nach einer Thrombose ist der Besuch einer Sauna (etwas anders als bei bestimmten Krampfaderleiden) problematisch. Man sollte damit mindestens ein halbes Jahr warten und auch nur dann gehen, wenn der venöse Rückfluss wieder gut funktioniert.

Wie kündigt sich ein offenes Bein an?

Im typischen Fall kommt es zunächst zu bräunlichen Verfärbungen der Haut im Bereich der Knöchel. Sie beruhen auf biochemischen Veränderungen (genauer: auf Ablagerungen von eisenhaltigen Blutfarbstoffen) in den betroffenen Zonen, die sich später nicht wieder zurückbilden. Es kommt unter anderem durch die Bildung von Ödemen (Wasseransammlungen im Gewebe) zu Schwellungen.

Dann bildet sich das eigentliche Geschwür mit Vereiterungen und Blutaustritt. Anfangs ist ein solches Geschwür vielfach nur klein. Es kann sich aber, sofern es nicht rechtzeitig behandelt wird, rasch über den gesamten Unterschenkelbereich und weiter nach oben ausdehnen. Zusätzlich verhärtet sich das Unterhautgewebe.

In welchem Alter kommt es am häufigsten zum offenen Bein?

Offene Beine sind kein spezielles Problem älterer Menschen, wie oft geglaubt wird. Sie treten häufig schon zwischen dem 30. und 40. Lebensjahr auf, wobei die Geschwüre große Ausmaße annehmen können. Im späteren Alter bleiben sie hingegen meist kleiner.

Wie lassen sich offene Beine behandeln?

Bei der Behandlung des offenen Beines kommt es nicht so sehr darauf an, dass das Geschwür selbst beseitigt wird. Wichtiger ist vielmehr, dass die Gewebestauungen behandelt werden. Dies erfolgt durch den Kompressionsverband und Bewegung. Wenn sich im Bereich des Geschwürs Krampfadern bilden, was häufiger vorkommt, lassen sich diese ganz problemlos veröden.

Ist ein offenes Bein heilbar?

Das offene Bein ist zwar der Endzustand und die schwerste Folge einer venösen Erkrankung, es ist aber durchaus möglich, dass es völlig abheilt und die Geschwüre auch später nicht wieder in Erscheinung treten.

In anderen Fällen treten die Symptome später wieder auf und müssen erneut behandelt werden. Dies hängt unter anderem davon ab, wie stark das Bein belastet wird. Dabei können schon kleinste Hautverletzungen dazu führen, dass das Geschwür wieder aufbricht.

Wie schnell heilt ein offenes Bein ab?

Das ist unterschiedlich. Das Abheilen kann recht schnell vonstatten gehen, aber auch langwierig sein. Bei großen, schlecht heilenden Geschwüren ist es möglich, die Heilung durch Hautverpflanzungen zu beschleunigen.

Kann man ein offenes Bein auch selbst behandeln?

Auf keinen Fall! Nur der Arzt ist in der Lage, die wirklichen Ursachen zu ergründen und danach die richtige Behandlung einzuleiten.

Kleines Wörterbuch

Arterie (Schlagader)	Blutgefäß, das das Blut vom Herzen zu anderen Organen oder Geweben hinführt
Besenreiser	winzig kleine, unter der Haut liegende Venen, die sich (oft von einer Zentralvene aus) besenreisigartig ausdehnen. Sie sind als bläulich-rötlich schimmernde, unschöne Verästelung in der Haut zu sehen.
chronisch	sich langsam entwickelnd und anhaltend (Krankheit)
Crossektomie	Operation, bei der die große Rosenvene an ihrer Einmündungsstelle ins tiefe Venensystem unterbunden und durchtrennt wird. Restkrampfadern werden später verödet.
Ekzeme	bestimmte Formen von juckenden Entzündungen der Haut
Entstauungsgymnastik	Gymnastikübungen, die darauf abzielen, Blutstauungen in den Beinen zu beseitigen
Haargefäße	▷ Kapillaren
Hauptvenen	▷ tiefe Venen
Heparin	gerinnungshemmendes Medikament
Insuffizienz	unzureichende Leistungsfähigkeit, Leistungsschwäche
Kapillaren (Haargefäße)	kleinste Blutgefäße zwischen ▷ Venen und ▷ Arterien,

die für den Stoff- und Gasaustausch zwischen Blut und Gewebe zuständig sind

Kneipp-Anwendungen die auf Sebastian Kneipp zurückgehenden Behandlungen mit kaltem Wasser

Kompressionsstrumpf Ein Kompressionsstrumpf wird bei bestimmten Venenerkrankungen (meist im Anschluss an die Behandlung mit dem ▷ Kompressionsverband) getragen und wirkt nach dem gleichen Prinzip wie dieser: Venenverengung durch Ausübung von Druck.

Kompressionsverband Verband, der nach einer Krampfaderoperation oder -verödung, aber auch allgemein zur Vorbeugung, Behandlung und Nachsorge bestimmter Venenerkrankungen angelegt wird. Durch den Druck, den er ausübt, verengt er die krankhaft erweiterten Venen und verbessert so den Rückstrom des Blutes zum Herzen.

Krampfader krankhaft erweiterte, geschlängelte Vene, bei der die ▷ Venenklappen nicht mehr richtig schließen, so dass das Blut stagniert oder gar in die Beine zurückfließt statt zum Herzen

Krampfaderbruch (Varikozele) geschwulstartige Erweiterung der venösen Blutgefäße des Samenstranges und der Hodenhüllen

Lungenembolie Blutgerinnsel können von der Venenwand abreißen, mit dem Blutstrom in die Lungenarterien geschwemmt werden und diese verstopfen. Das bezeichnet man als Lungenembolie (Lebensgefahr!).

Lymphdrainage, manuelle sanfte, streichelnde, nur leichten Druck ausübende Massage zur Beseitigung von Wasserstauungen in den Beinen

Lymphgefäßsystem	System von Kanälen, das die aus den ▷ Kapillaren ins Gewebe austretende Lymphe (Gewebsflüssigkeit) sammelt und wieder dem Blutkreislauf zuführt
Lysebehandlung	medikamentöse Auflösung von ▷ Thrombosen
Marcumar	gerinnungshemmendes Medikament
Marcumar-Ausweis	Ausweis, den der Arzt einem Patienten ausstellt, der Marcumar einnimmt. Man muss ihn immer bei sich tragen.
Muskelpumpe	Wenn wir unsere Muskeln anspannen, drücken sie die zwischen ihnen verlaufende Vene zusammen, und das Blut wird herzwärts gepresst. Das bezeichnet man als Muskelpumpe.
oberflächliche Venen	Venen, die Haut und Unterhautgewebe mit Blut versorgen. Das Blut strömt aus den oberflächlichen Venen durch die Verbindungsvenen in die ▷ tiefen Venen.
Ödem	Wasseransammlung
offenes Bein	▷ postthrombotisches Syndrom
postthrombotisches Syndrom	chronisches Leiden als Folge einer unbehandelten ▷ Thrombose der ▷ tiefen Venen, häufig mit ständig geschwollenen Beinen und Unterschenkelgeschwüren („offenen Beinen“)
Schlagader	▷ Arterie
Seitenastkrampfadern	kleine, unter der Haut liegende Venen und Seitenäste der ▷ oberflächlichen Stammvenen (kleine und große Rosenvene), die isoliert erweitert sind oder ein Netz von ▷ Krampfadern überall am Bein bilden

Stammkrampfadern	Krampfadern der großen und kleinen Rosenvene
Streptokinase	Wirkstoff, der frisch geronnenes Blut wieder auflöst. Wird bei rechtzeitig erkannter ▷ Thrombose zur Auflösung von Blutgerinnseln eingesetzt.
Thrombose	Verstopfung eines Blutgefäßes durch ein Blutgerinnsel (Thrombus).
Thrombus	Blutgerinnsel
tiefe Venen (Hauptvenen)	Venen, die tief in der Muskulatur sitzen
Varikose	▷ Krampfaderleiden
Varikozele	▷ Krampfaderbruch
Varize	▷ Krampfader
Vene	Ader, in der das Blut dem Herzen zufließt
Venenentzündung	Reizung der Venenwand, fast immer verbunden mit Blutgerinnung und Bildung eines Blutpfropfes (Thrombus)
Venenklappen	Ins Venensystem sind in bestimmten Abständen Klappen eingebaut, die wie Ventile funktionieren: Wenn das Blut in Richtung Herz strömt, öffnen sie sich, um es durchzulassen; wenn es dagegen nach unten absinken will, schließen sie sich. Das ist wichtig, um Blutstauungen in den Beinen zu verhindern.
Verbindungsvenen	▷ oberflächliche Venen
Verödung	▷ Krampfadern können durch Einspritzen eines Medikaments (Verödungsmittel) beseitigt werden.

Register

Antibabypille *33, 76*
Arterien *12*
Arterienpumpe *15*
Ballaststoffe *26*
Beine, geschwollene *19, 47, 48, 62, 75*
Beruf *46, 55, 90, 121*
Besenreiser *25, 54, 58, 120*
Bettlägerigkeit *32, 56, 106, 108*
Bewegung *15, 46, 86*
Bewegungsmangel *27, 55*
Bindegewebsschwäche *21, 27, 55, 58*
Blutgerinnsel ▷ Thrombose
Blutkreislauf *12*
Crossektomie *73*
Ekzeme *39*
Embolie ▷ Lungenembolie
Ernährung *26, 91*
Fachärzte *44*
Fußball *93*
Gymnastik *102, 106, 108*
Handball *93*
Hauptvenen ▷ Venen, tiefe
Hautverfärbungen *39, 56, 122*
Heparin *81*
Insuffizienz, venöse *39, 57*
Kapillaren *12*
Kneipp'sche Wasseranwendungen *86, 110*
Kompressionsstrumpf *63, 72, 75, 85, 116, 121*
Kompressionsverband *62, 79, 82, 85, 114*
Krampfaderblutungen *120*
Krampfaderbruch *28, 77*
Krampfadern *18, 20, 30, 54, 60, 74, 120, 121*
Krampfadern, sekundäre *38*
Krampfadern, Symptome *25, 54, 55*
Laufen *90, 94*
Lichtreflexionsrheographie *50*
Lungenembolie *31, 34, 36, 37, 71, 79*
Lymphdrainage *86*
Lymphgefäße *13*
Marcumar *81, 82*
Medikament, gerinnungshemmendes *81, 84*
Medikamente *60, 74*
Muskelpumpe *15, 27*
Nierentumor *28, 77*
Ödem *49*
offene Beine ▷ Unterschenkelgeschwür
Operation von Krampfadern *53, 62, 64, 70, 72*
Operationen *56*
Phlebitis ▷ Venenentzündung
Phlebographie ▷ Röntgenkontrastdarstellung
Radfahren *93*
Rauchen *91*
Rezidive *68, 72*
Röntgenkontrastdarstellung *52, 78, 80*
Rosenvene, große *22, 55, 73*
Rosenvene, kleine *22, 55*
Salben ▷ Medikamente
Sauna *91, 122*
Schlagadern ▷ Arterien
Schmerzen in den Beinen *19, 47, 49*
Schuhe *90*
Schwangerschaft *27, 33, 55, 74, 120, 121*
Schwimmen *92*
Seitenastkrampfadern *25, 54*
Sitzen *30, 33, 56, 91*
Ski *93*
Sport *92*
Stammkrampfadern *22, 53, 55, 57, 70, 72, 73, 75, 76*
Stammvenen ▷ Rosenvene, große; ▷ Rosenvene, kleine
Streptokinase *81, 83*
Tanzen *93, 120*
Thrombophlebitis ▷ Venenentzündung
Thrombose *31, 32, 36, 46, 50, 56, 64, 71, 75, 76, 79, 80, 83, 121, 122*
Thrombosevorbeugung *71, 82, 106, 108*
Trendelenburg-Test *50*
Übergewicht *27, 91*
Ulcus cruris ▷ Unterschenkelgeschwür
Ultraschalluntersuchungen *51*
Unruhe in den Beinen, nächtliche *47*
Unterschenkelgeschwür *36, 55, 56, 122, 123*
Untersuchungsmethoden *48*
Venen, oberflächliche *17*
Venen, tiefe *17*
Venen-Walking *94*
Venendruckmessung *50*
Venenentzündung *30, 32, 46, 56, 62, 75, 76, 78*
Venenklappen *16, 21*
Venenmittel ▷ Medikamente
Venenverschlußplethysmographie *51*
Veranlagung *27, 46, 55, 58*
Verbindungsvenen *17, 40, 70*
Verödung von Krampfadern *47, 62, 64, 66, 72*
Verstopfung *26, 91*
Wadenkrämpfe *47*
Wasseransammlungen im Gewebe ▷ Ödem
Wochenbett *33, 75*
Zinkleimverband *65*